NATURKUNDEN

探索未知的世界

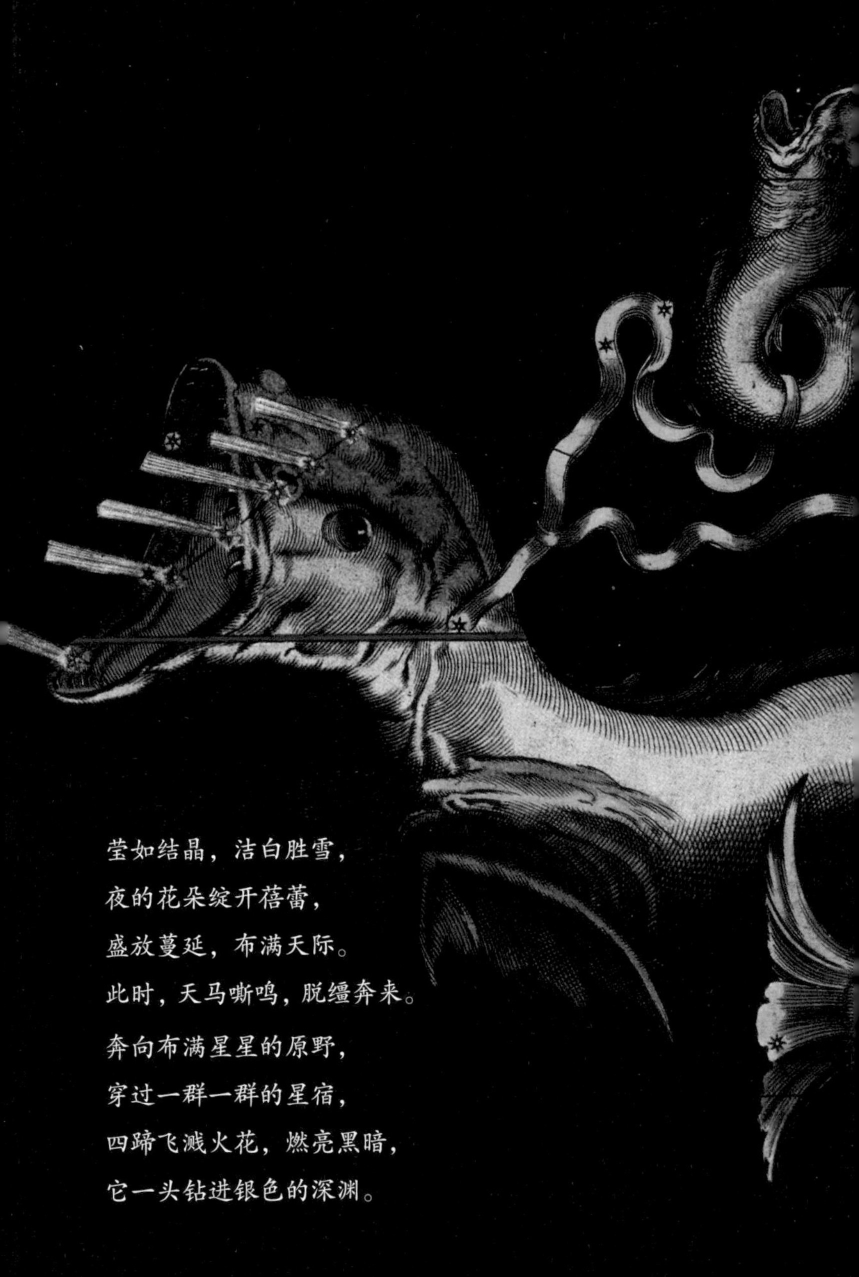

莹如结晶，洁白胜雪，
夜的花朵绽开蓓蕾，
盛放蔓延，布满天际。
此时，天马嘶鸣，脱缰奔来。

奔向布满星星的原野，
穿过一群一群的星宿，
四蹄飞溅火花，燃亮黑暗，
它一头钻进银色的深渊。

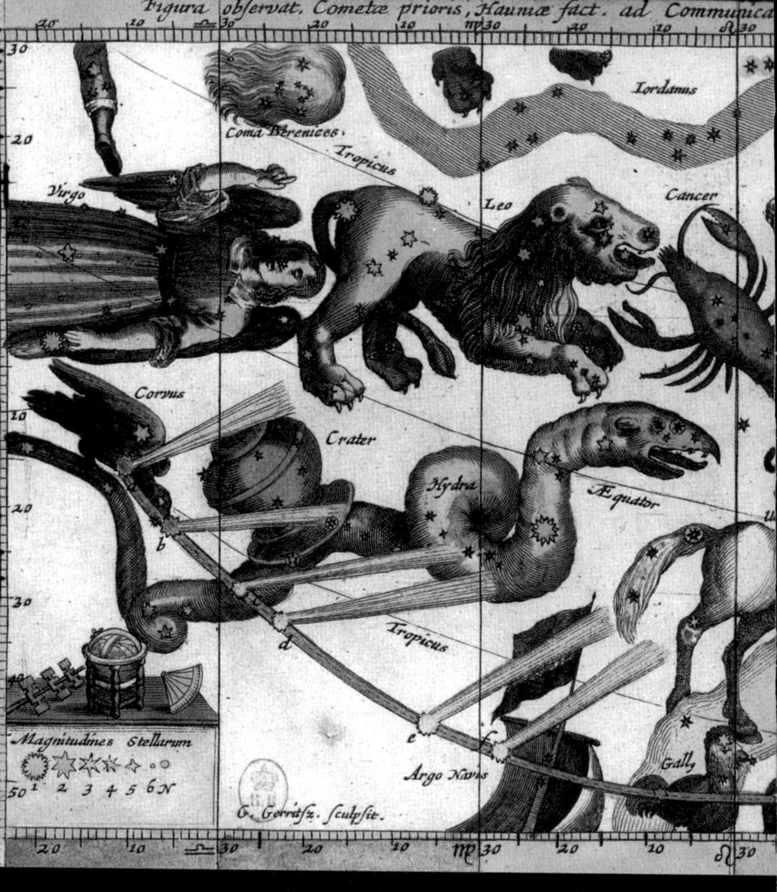

白昼将尽，黄昏来临。

太阳光线暗淡，天琴、武仙登台。

Auriga
Perseus
Andromeda
Trigonum
Coma Medusæ
Apis
Aries
Pisces
Cancri
Taurus
Orion
Cetus
Eridanus
Lepus
Capricorni
Canis Major

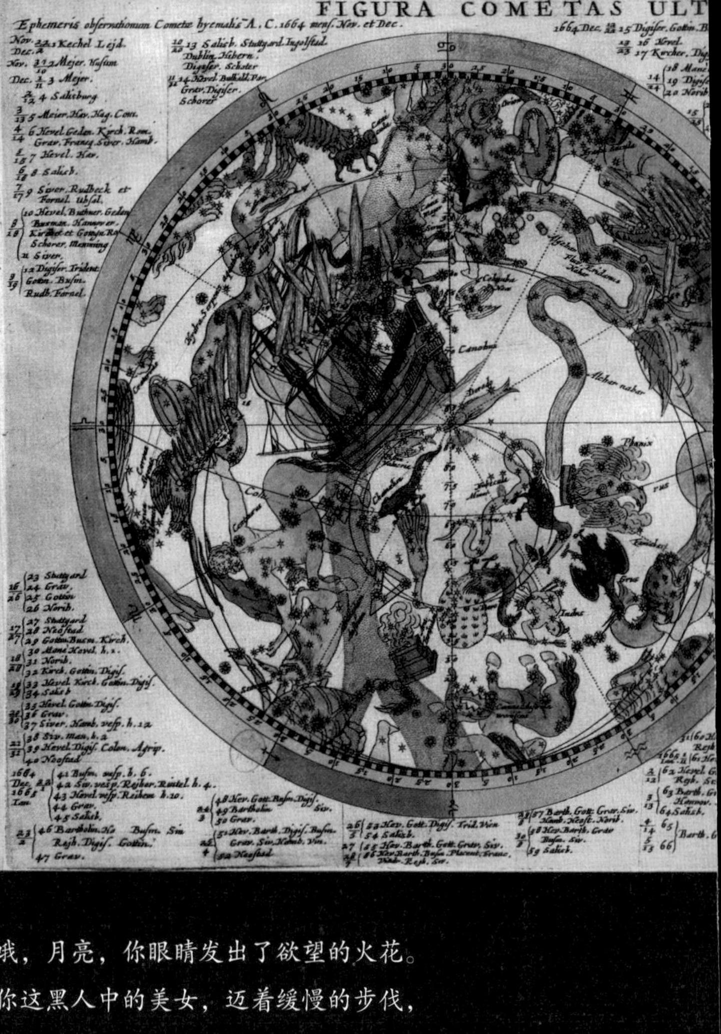

哦，月亮，你眼睛发出了欲望的火花。
你这黑人中的美女，迈着缓慢的步伐，
到何处去寻找眼睛像黄香李的丈夫？
维纳斯已用美丽的胴体睡暖了他的床铺。

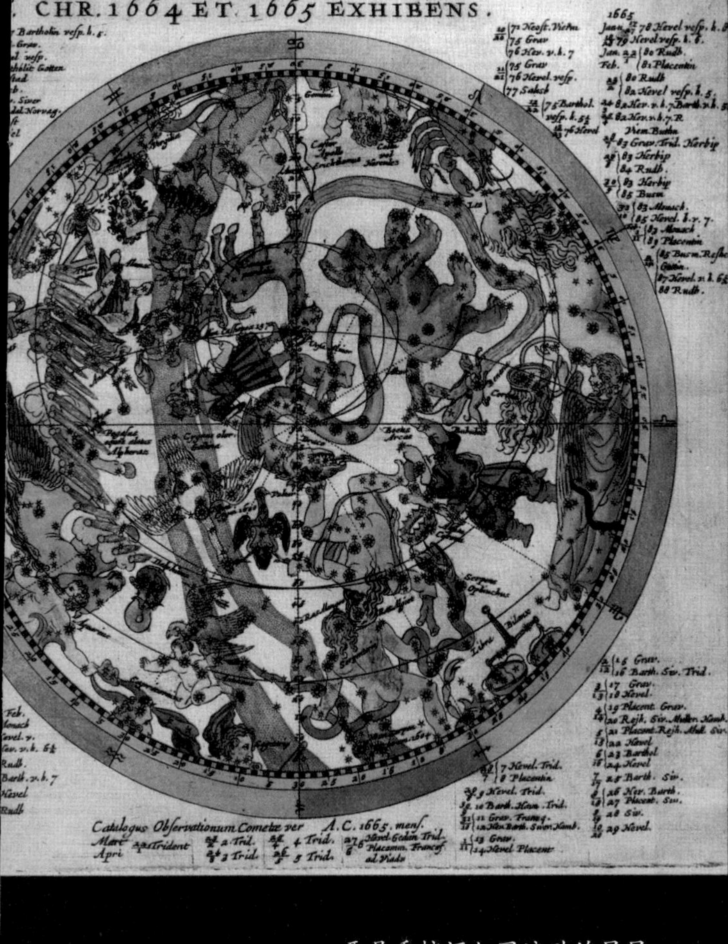

要是香槟酒如同流动的星星，

你就把它洒在星座之中。

而喝了勃艮第葡萄酒，

我们就会在天空看到神奇的野兽。

挤榨葡萄时节，

就会出现水星和木星，巨蟹和大熊。

虽说葡萄酒中映照出火光，

阳光却沐浴在清泉之中。

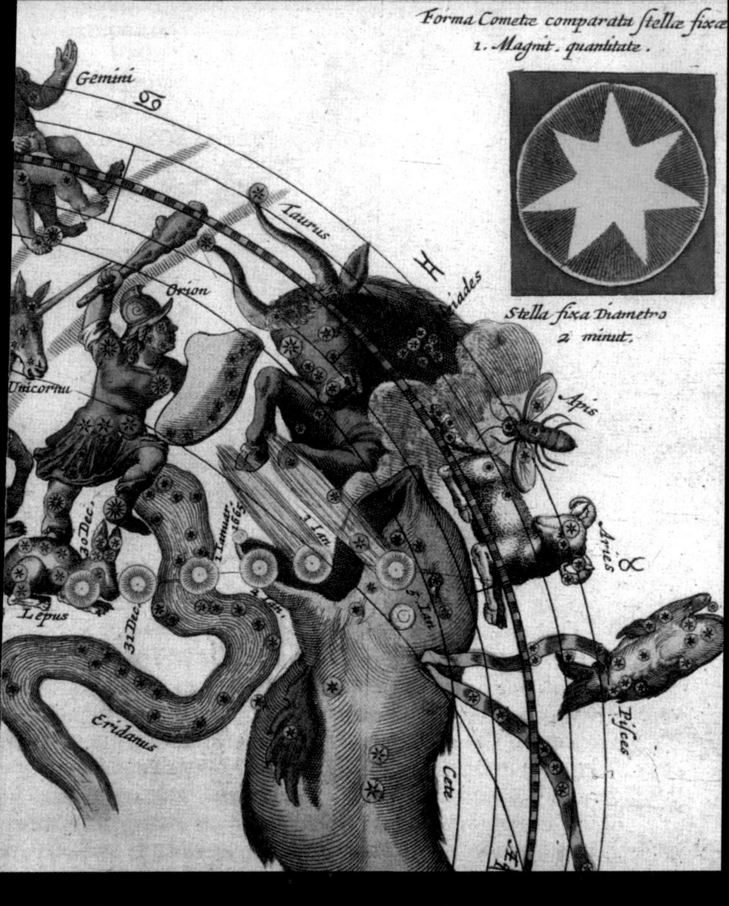

美丽夜空，充满神奇传说。

更迷人的，是一对跳着欲望之舞的情侣。

喝了又喝，恹恹的酒徒，

要你再斟上一杯使人浮想联翩的红酒。

星空的传说

[法] 让 - 皮埃尔·韦尔代 著
徐和瑾 译

北京出版集团
北 京 出 版 社

目　录

宇宙不只是一片巨大的空无，里面还布满星星。宇宙里也有气体和尘埃形成的云。40多亿年以前，在这些巨大的宇宙云当中，形成了太阳和周围的行星，包括地球。人类的世界，由此形成。宇宙好似孕育人类的母体，也始终包覆着人类：终于有一天，人类站立起来，开始仰望，惊讶于这似乎一无所有，又似乎拥有一切的天空。

第一章
人类的天空

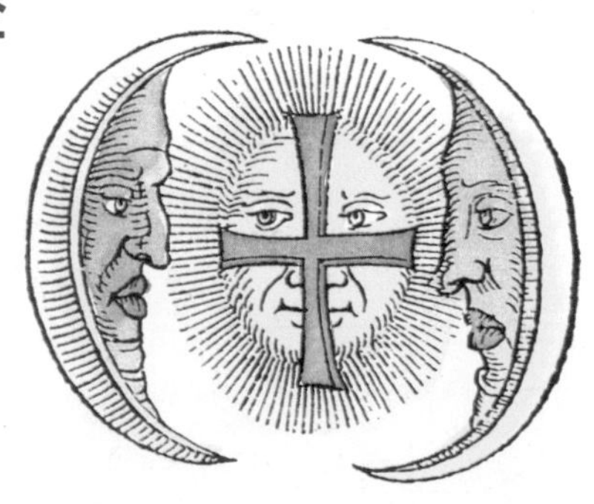

根据16世纪著名历史学家暨神学家康拉德·利科斯坦（Conrad Lycosthene）的记录，1157年天空出现了异象——太阳出现在两个月亮之间。

起初是灼热的岩浆，后来冷却、变硬。在不到6亿年的时间里，只有物质统治着一个矿物和水的世界。接着，生命和无生命物质以几乎没有区别的分子形式，出现在也许尚未形成海岸的大海之中。然后它们适应环境，开始演变，变得越来越复杂，最后爬到露出海面的陆地上，并得到充分的发展。

在我们这个地质纪以前的第三纪的末期，也就是大约150万年以前，地球的面貌已经和我们现在看到的相同——同样的地貌、同样的植物和同样的动物，只是还缺少一个主角——人类。但是，古生物学家认为，人类的雏形已隐约出现在一种四肢动物身上。只不过这个论点还有待证实。在150万年

这座环形石阵位于英国索尔兹伯里（Salisbury）以北，已经快4000年了。在这圈巨石的旁边，竖立着一块孤零零的大石头。每年临近6月22日的某一天早晨，你如果站在这圈巨石的中央，就会看到太阳正好从这块大石头后面升起。因此，有些人就说，这座石阵是为太阳而建造的。

以前，由于弯曲的脊柱逐渐变直，人类发展出直立的形态，并抬起头来观察天空。

在几十万年时间里，地球上几乎一片寂静，人类还未能发出声音。他们的技术性活动只留下很少的痕迹，如经过整理的卵石、工具的碎片，但他们的心灵活动却没有留下任何物质的遗迹。后来，在旧石器时代末期，也就是大约 5 万年以前，突然出现人类思想的生动证据：用红色赭石颜料装饰的骨器，里面放置着燧石、骨头碎片和石灰石小球，还有目前所知的最古老的

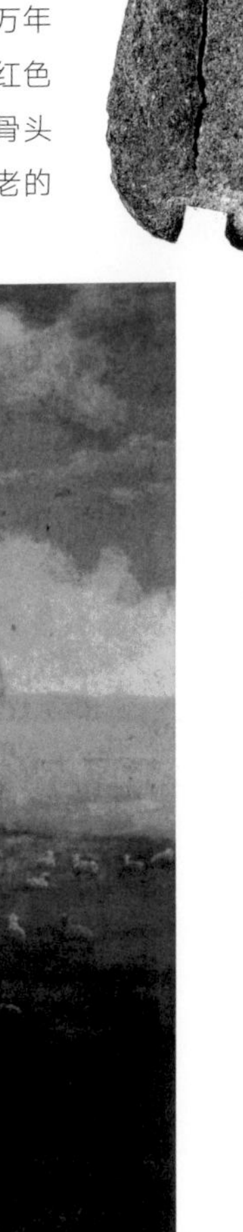

这块石头竖立在法国阿维尼翁（Avignon）附近的多姆悬岩（Rocher-des-Doms）上，已经有 5000 多年了。石头上刻画了发出 8 道光线的太阳。

雕刻品——有的雕工粗糙，有的精细。在第一批石雕上，我们可以看到星群和星座。显然，天文学是一门十分古老的学问。

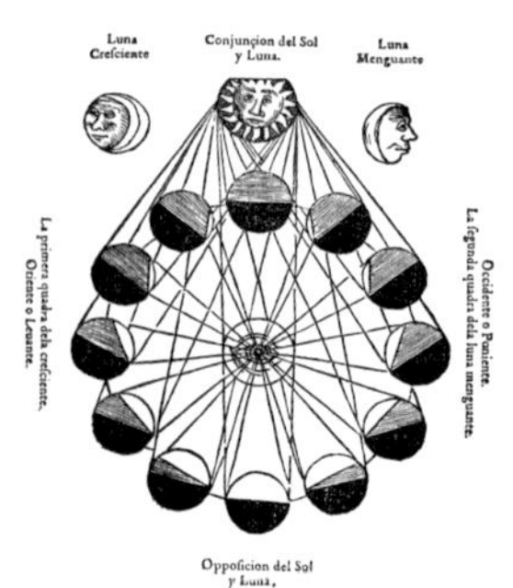

月球绕地球运转，加上地球绕太阳运转，就产生了月相。月球总是有一半被太阳照亮。但除了在满月之时，我们能看到被照亮的全部月面，其他时候我们看到的只是部分被照亮的地方，随月球绕地球运转的过程而发生变化。这幅月相版画（左图）摘自 1524 年发表的《宇宙结构学图册》。该书是德国天文学家彼得·贝纳维茨（Peter Bennewitz，又名 Apianus，1495—1552）的第一部重要著作。

早在洪荒时代，人类就察觉宇宙中的规律：
昼夜、季节和月相

人类很早就注意到重大的天文现象。最明显的现象即是昼夜的交替。人类知道月相要比学会写字早很多，他们利用月相制定了最初的历法。他们还观察到星星循环运行，周而复始地绕日运动，看到星座每夜回复其永远不变的位置，并发现四季的流转。从史前以来,对天的观察导致两种思想活动：一种是寻找永恒的自然规律，这些规律只有在天空才这样明显地表现出来；另一种是仰望无法到达的天空，设想其中存有万能的、超自然的生命。同时，人类很早就察觉到，天和地的某些现象之间有某种关系。特别是在中纬度地区，人们看出太阳穿过黄道带与四季变化的联系，也看到月相和潮汐之间的关联。于是，人类运用因果关系的原则加以解释。以不合理性的方式应用这个原则的结果，产生了大量天真的信仰，同时也产生了星相学。

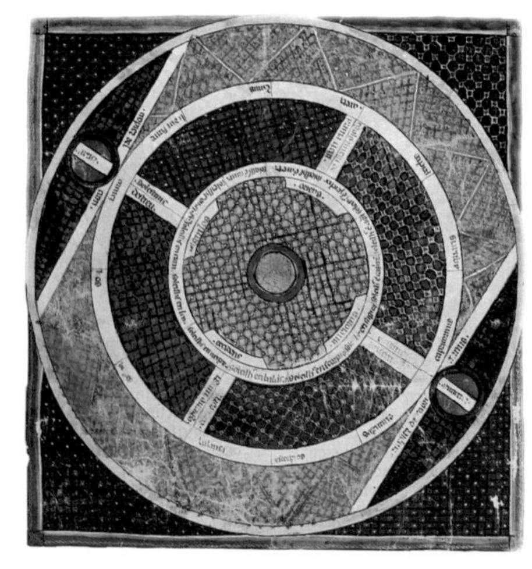

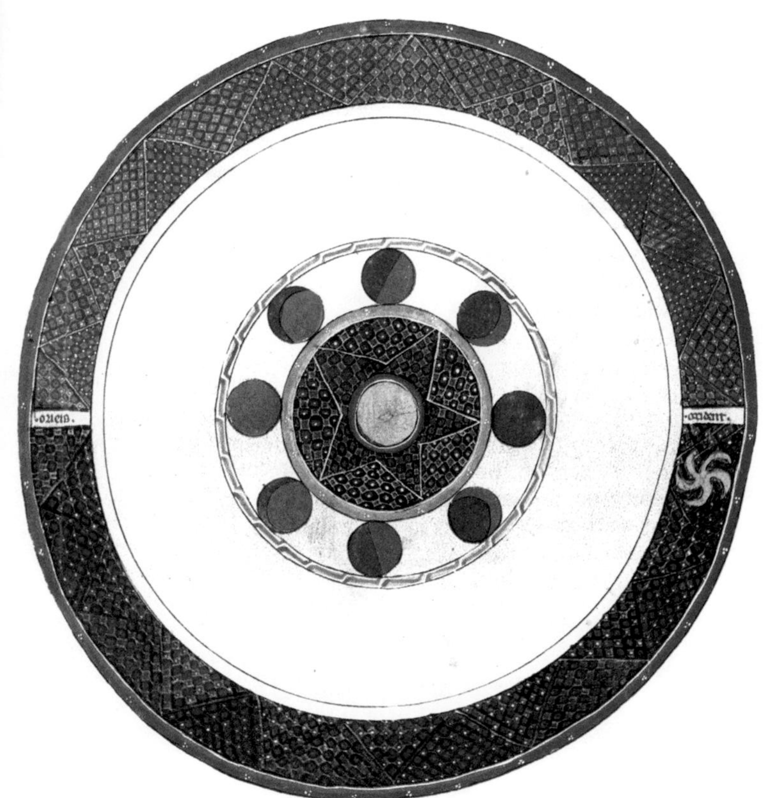

秩序和混乱这两个对立的概念，既出现在有关天的深奥科学中，也出现在庶民的常识里

除了周期性的重大天文现象，天空还具有秩序－正常和失序－混乱两种对立的状态。

天体往复运行，日月星辰恒常显现，四季周而复始。然而，秩序状态并非自然界的唯一状态，天空有时还会出现一些特殊的现象，如日食和月食、彗星和流星。

这些手绘彩图摘自13世纪法国普罗旺斯药典。上面画有太阳在黄道带所经过的路线和月相：红色是我们看到的月亮被照亮的部位，蓝色则是我们看不到的月亮的阴暗部位。

这幅 18 世纪的版画再现了 1716 年 3 月 18 日出现在天空的一系列异象。画中可以看到彗星（形状为剑）、流星、燃烧的房屋和雷鸣的钟楼，也可看到骑士在战斗。人们认为社会大动荡之前，骑士会在空中作战。

这一类异象有时颇为壮观。而行星的漂流现象使人类感到困惑。此外，近在眼前的天空常常发怒，则使人类惊惶不安：狂风、闪电、雷击、飓风、暴风或龙卷风，这一切都说明天空在发怒。

因此，虽说许多显而易见、表面上永恒不变的规律已证实秩序的存在，但在秩序之中仍存在着混乱。

有关宇宙起源的许多神话都指出，普遍的秩序自混沌之中产生，然后又恢复混沌的状态，并再次从混乱中浮现有条不紊的秩序。

天是规律，天是上帝，天是浩瀚的背景……人类的想象和智慧创造了一个面貌千变万化的天

1609 年 12 月的那几个夜晚，是天文学史上最美好的夜晚。在那个时候，伽利略是第一个用望远镜观察天体的科学家。在浩瀚的天穹面前，人人平等。每个人都有一双眼睛，再加上自己的智慧，大家各凭本事，任想象力驰骋。

然而，同是观察天空，人们却看到不同的世界，得到不同的经验。有一部分人由此创造了一门科学，并力求精确，以数学作为这门科学的基础。有一部分人则得出一些神话，而这些神话往往演变成传奇、故事和民间的习俗。有一部分人从经验中总结出一些与农业、航海或天气预报有关的规律。最后，还有一部分人，只是从中得到梦想的乐趣。不过，所有这些人的目光都丰富了人类的想象。

在 17 世纪初，天文望远镜出现之前，天文学家只有简陋的工具。最常用的是一种 1/4 圆的扇形仪器。这种仪器用一条简单的瞄准线和一根铅丝来确定天体在地平线上方的高度。

尽管观天的结果不甚相同，有一点倒是很接近：人类在观察天空时，首先想到的还是自己。有关宇宙起源的神话，首先谈到的总是人类。古罗马博物学家老普林尼（Pline）也不自觉地看到他所面对的天空有大熊、金牛等星座。他感到惊讶的是，在有些人以为平滑如镜的最高层天空，实际上却呈现着地球上所有动物和事物的形象。

天文学家以外的人，如何想象天空

在这里，我们不想介绍有关天空的深奥学问，也不想描述人类初步探索天空的情形及其进展，只想说说一般民众对

有时，人类也能指挥天体。在《旧约·约书亚记》（第 10 章）中，约书亚（Josué）大声说道："日头啊，你要停在基遍（Gabaôn）。月亮啊，你要止在亚雅仑谷（vallée d'Ayyalôn）。于是日头停留，月亮止住，直等国民向敌人报仇。这事岂不是写在《雅煞珥书》上吗？日头在天当中停住，不急速下落，约有一日之久。在这日以前、这日以后，耶和华听人的祷告，没有像这日的。"

天空及其现象的种种看法。

因此，我们将涉及民间传说的领域。然而，你只要一涉入这个领域，面对世界各地变化万千的信仰、习俗和传说，往往会目瞪口呆，不知该从何处着手了解这个神奇的世界。所幸这些信仰和传说虽然各不相同，从表面上看来甚至互相矛盾，却常常可以看出其间的微妙联系。在这个神奇世界里，充满了形象和象征，借着它们，我们可以推想不同信仰与神话的共同根源。

从15世纪末到19世纪中叶，小贩在农村大量出售如下图般的历书。比利时列日（Liège）的历书尤其出名。历书上包含大量星相学的知识，还记载一些天文方面的讯息，主要是预报日食和月食。

MATHIEU LAENSBERG
VÉRITABLE ALMANACH DE Mtre.
ALMANACH
pour cette Année
MDCCLXXXIX.
Supputé par
Me M. LAENSBERGH, Ma.
MATHÉMATICIEN, POUR CETTE
A LIEGE,
Chez la Ve. S. BOURGUIGNON
Imprim. de S. A. & de sa Cité.
AVEC PRIVILEGE.

下面我们将会开启玉石之门，一窥门后的种种形象、象征和神话。这一切纠结在人类记忆的底层，有的骚动着，有的沉睡着，代表了人类的了解与领悟——对天空的秘密和巨大的自然力量。

当然，民间传说形形色色，令人眼花缭乱。而且，在今天看来，许多象征体系往往难以理解。我们不禁会想，在过去，这些象征的意义是否就一定清楚明白。我们似乎必须承认，在所有的神话当中，都有一个无法以理性分析的核心。但神话中充满了生动的形象。即使在今天，这些形象往往仍能启发我们的想象。

神话不会被人遗忘，是因为它们充满生动的形象

神话在备受理性与科学的攻击之后，依然流传下来，是因为它们充满生动的形象。基督教常常受到指责，说它把神话从欧洲的精神世界中驱逐出去了，使它们仅能“栖身”于民间传说之中。

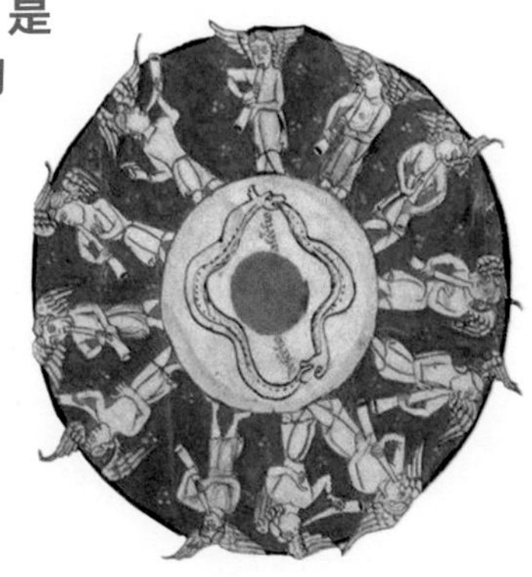

这个风轮（左图）摘自15世纪的一册彩色手抄本。风轮的中央是地球，地球周围是海洋和象征宇宙的蛇。两条蛇首尾相咬。风轮的外圈有12位天使，代表吹向地球的12种风。

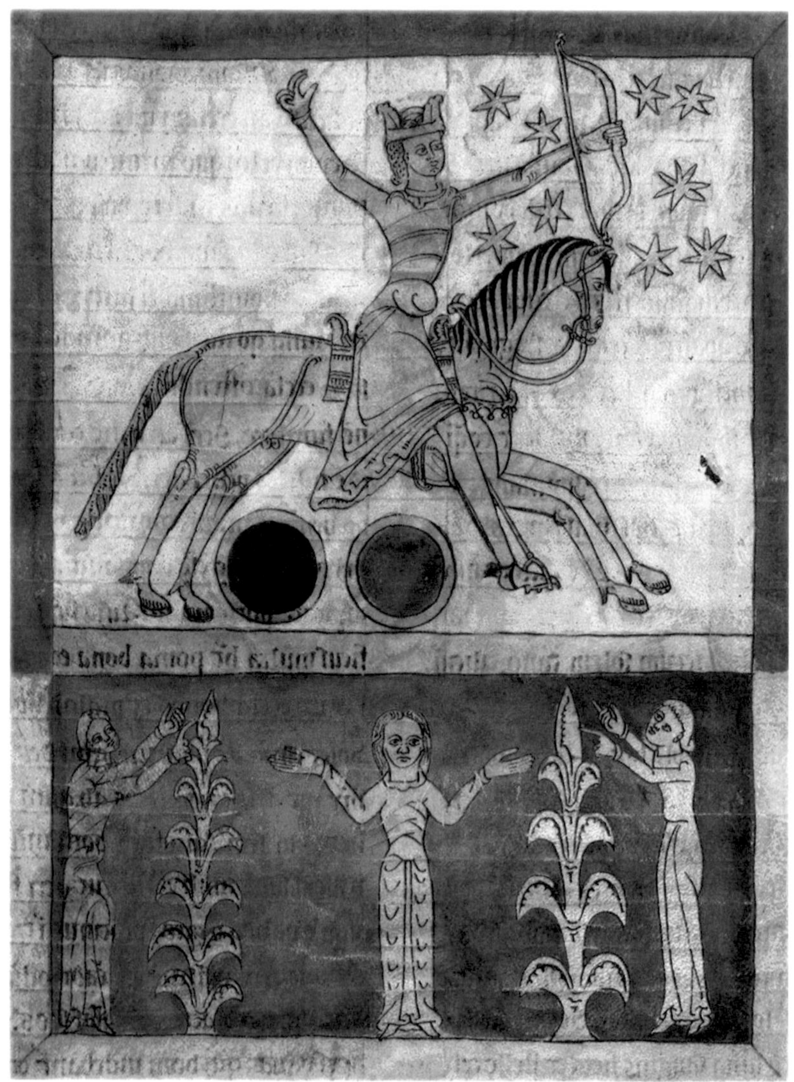

当然。在教会看来，神话传说和民间习俗都是异端邪说，必须连根拔除。538 年，天主教会在法国欧塞尔（Auxerre）举行主教会议，谴责民间对泉水、树林和石头的崇拜。教会的这种行为，从某种观点来说诚然是负面的，但也有其正面的意义。首先，教会在排斥民间信仰的同时，也提供了另一套严密的体系，而这套体系既然是宗教性的，因此也必然是由神话所构成的。其次，由于教会无法完全排除神话传说和民间习俗，就把它们收为己有，并用新的形象和新的象征来加以充实。以前述的泉水崇拜为例，洗礼的重要性，以及无数阐明洗礼之所以必需的说法，都大大丰富了水的象征意蕴。

左页图为《新约·启示录》中的骑士，骑着白马与撒旦争战。

在下面这幅 15 世纪的民间版画上，太阳、月亮和五颗行星都有自己的星相符号。例如，土星的符号是宝瓶和摩羯，左手握镰刀使人想起死亡（死神手握镰刀），拐杖则表示一种信仰，说明土星支撑着我们的骨架。

各种文化共有的形象和象征

罗马尼亚神话史学家米歇尔·伊利亚德（Mircea Eliade）曾指出，任何文化“都是历史的反映”。因此，任何文化都有其局限性，希腊文化也不例外。整个西方多少都受到希腊文化的影响，因而在西方看来，它常常是世界公认的完美典范。

Par ceste figure nous congnoissons a chascune heure de iour et de nuit quel planete regne Et quel est bon ou mauluais Le planete du quel le iour est nomme Regne la premiere heure de cellup iour. et le sequent la seconde cellup dapres la tierce. Ainsi iusques a vingt quatre heures pour cellup iour. pareillemēt des autres iours .Saturne et Mars sōt mauluais Jupiter et Venus bons Sol et Luna moytie bōs moytie mauluais Mercure bons avec les bons et mauluais avec les mauluais.

但“作为历史现象，它并非放诸四海而皆准。你如果把希腊文化介绍给非洲人或印度尼西亚人，对他们来说，有意义的未必是你赞叹不已的美妙希腊风格，而是他们在希腊雕像或古典文学作品中，所看到的原已熟悉的种种形象”。

1521年5月，发起欧洲宗教改革运动的路德（Luther），躲在德国图林根将《旧约》和《新约》译成德文。1534年，路德翻译的《圣经》出版。这是译成德语的第一部《圣经》。上图所示为《创世记》第6章第17节：“我要使洪水泛滥在地上，毁灭天下；凡地上有血肉、有气息的活物，无一不死。”此图是后来的人为这本1534年版《圣经》所绘的插图。

安达曼人（Andamans）是亚洲现存最原始的种族之一，分布于孟加拉湾一带。他们的主神是普鲁加（Puluga）。普鲁加住在天上，雷鸣是他在说话，风是他呼吸的声音，而飓风代表他在发怒。在安达曼人的神话中，由于人类几乎将他遗忘，他要惩罚人类，就让洪水泛滥，结果只有四个人活下来。显然，普鲁加所拥有的威能与力量类似希腊神话中的宙斯，行事则仿佛犹太教真神耶和华。普鲁加在传说中的形象，如果传到其他文化之中，恐怕会使荷马时代

的希腊人感到惊讶，也会令和摩西一起穿越埃及的犹太人赞叹不已。

印度人与西方人的文明各有自己的洪水传说。在这两种洪水传说中，都只有一个人知道灾难即将来临，并且保住了性命。在西方，这个人是挪亚;在印度，这个人是摩奴（Manu）。摩奴和挪亚一样，也接到上天要他造船的命令。但是，摩奴遭遇的洪水的宗教含义，和挪亚遇到的洪水不同。印度的洪水不是上天的惩罚，而是正常的自然现象，这个世界不会完全毁灭，只是周期性地遭到破坏，然后复苏。西方的洪水则是由上帝降下，要毁灭一切。

在印度神话中，世界经受洪水的劫难后，由于摩奴，人类得以再次布满大地。他在洗澡时，一条鱼游到他的手里，告诉他洪水将要泛滥，并叫他造一条船。这条鱼后来变大，把摩奴的船拉走。这则印度传说十分古老，后来又为印度教所采用。这时，鱼变成印度教主神之一毗湿奴的一个化身。在画中，毗湿奴的皮肤通常为蓝色。

Tout le ciel ne fu onques fait et ne peut estre corrumpu si come aucuns dient que si peut ce estoit plato et ses disciples qui disoit que il fu fait et que il est corruptible mes il est perdurable et a ce prouver il met .vj. moiens ou raisons car il ne eut onques comencement ne fin de toute sa duracion qui est perdurable car il a et contient en soy temps infini car selon aristote tout le temps qui fu et sera est sans comencement et sans fin si come il appert en le viij. de phisique et le ciel par son mouvement contient tout le temps aussi come la cause contient son effect.

et si come la mesure contient la chose mesuree et donques le ciel e sans comencement et sans fin ce est la premiere raison et selon la translation de boece aristote conclut ainsi semper est eternum sine principio et sine fine per omnia secula je veult dire que le ciel a dure et durra par tous les siecles.

Et est assavoir que cest mot seculum ou siecle est prins en .iiij. manieres une est pour le monde item plato appelloit siecle la duracion qui estoit avant que le comencement du monde et du temps et ce est eternite premiere si come il fu dit ou .xviij. ch du premier. item il est dit de la duracion.

天空包围着地球，繁星闪烁其中。即使海员和农民靠天吃饭，天象气候决定他们的生活和命运，天的本身也从未引动他们的关切。在天空往来运行，光灿耀目的太阳、月亮、众星、陨星，倒是人类迷信的对象、注目的焦点，并成为文学创作的灵感泉源。然而，相对于天空的广大寥廓，穹宇的浩瀚无垠，人们对天空也未免太漠然了。

第二章
星幕穹宇

埃及的大气之神舒（Shou），把他的女儿天神努特（Nout）举起，使她和大地分开。宇宙就这样形成了。

19 世纪的法国民俗学者保罗·塞比约（Paul Sébillot）曾进行一项田野工作，调查有关天的民间传说。参与这项工作的人说："当你提出一些问题，想要了解那些可能还存在于民间的看法时，被调查的人马上露出惊奇的样子，仿佛你提到的是他们从未想到过的事情。"一般民众显然对天空本身不感兴趣，这使塞比约大感惊讶。

这幅画常被误认作 15 世纪的民间版画。实际上，画中的组成元素虽然来自更早以前的时代，整幅画却是法国弗拉马里翁（Flammarion）出版社为 1888 年出版的《大众天文学》一书制作的拼贴画。这幅画提出一个疑问：如果世界已是一切，那么，在这个世界的外面还会有些什么呢？

天空，是张开在大地上方的帐篷……还是乌龟的壳？

天空往往像由固体物质构成的穹顶，星星镶嵌在上面，就像宝石装饰在教堂穹顶上。

有时，星空仿佛由液体构成。在强大的大气压力下，这种液体无法流动。星星在上面滑行，犹如船只行驶在平静的海面上。这种现象比较罕见，但更加有趣，令人不禁想起民间传说中知道“海天之路”的鸟。如果追溯到更加久远的年代，与这种天穹形象有关的，还有伊斯兰教的传说、日本或马来亚的神话，以及耶和华降落到罪恶大地上的洪水。在耶和华降下的洪水中，只有挪亚及其家人幸免于难。

据公元前 4 世纪一部经书的解释，在中国，环形的璧是天的象征，其中间的孔不应超过圆璧直径的 1/3。中国人相信天圆地方，所以圆形的璧用来祭天，而方柱形的琮用来祭地。

不同的文化中，用来形容天的方式不同：穹顶、华盖、钟、倒扣的酒杯、绕着伞柄旋转的伞、帐篷或乌龟。古代西欧的高卢人，并未把天看成神祇居住的地方，只是把它当作大气现象的发源地。在他们看来，天是固体的屋顶，他们只担心天会掉到他们的头上……万一真的掉下来，他们会用长矛把天撑住。

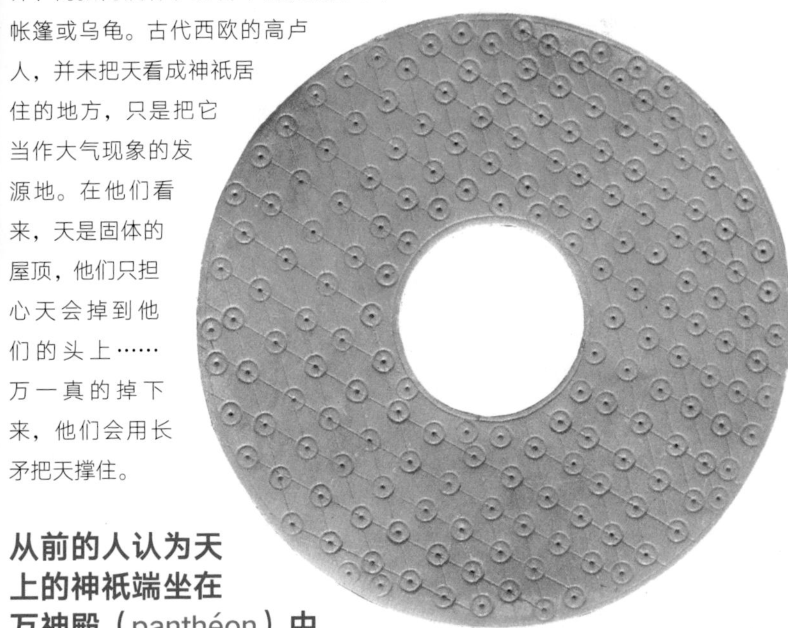

从前的人认为天上的神祇端坐在万神殿（panthéon）中

有关天穹的传说，令塞比约惊叹不已，米歇尔·伊利亚德的收获则在神话方面。他发现，几乎在所有的神话中，原先最崇高的神都会消失，甚至被人遗忘，而被另一些神圣的力量取代。这些力量和人类的日常生

活关系更直接，因此更“有用”、更“有效”——也具有更强大的威力。例如，在希腊神话中，老天神乌拉诺斯（Ouranos）被他的小儿子克洛诺斯（Cronos）阉割并且推翻了。克洛诺斯杀死父亲，后来也受到惩罚，被自己的儿子宙斯推翻。经过10年的战争，宙斯打败克洛诺斯和提坦诸神（Titans），把他们打入塔耳塔洛斯（Tartare）地狱。从此之后，宙斯成了天国的主神，统治着天国。他的威望和权力，远超过他的老祖父乌拉诺斯。

宙斯象征的意义远多于乌拉诺斯。他的名字不仅用来指天，也代表各种与天空自然现象有关的能力：覆云、降雨、鸣雷和闪电。至此，大气中自然力量变幻莫测、生机勃勃的混乱，替代了原先天空中有条不紊、万籁俱寂的秩序。

宙斯是希腊传说中的神祇及人类之父。他拥有各种权力，掌握着鹰、闪电和胜利。左图这座巨大的宙斯像位于奥林匹亚（Olympie）的宙斯神殿，是世界七大奇观之一。

右页这幅画摘自19世纪末的一本基督教教理书，展示了创世的六天：第一天，神把光和黑暗分开；第二天，神将水分为上下，造出了天；第三天，神造出绿色的植物；第四天，神造出两个光体，即太阳和月亮（在《圣经》中，光体泛指肉眼看起来会发光的天体）；第五天，神造出有生命的动物；第六天，神造出男人和女人。

夜空是布满恒星的画幅，所有的文化都在这幅画里划分星座

因纽特人认为，恒星是天火显露的小洞，是镶嵌在天上的钻石，是夜晚黑色的草地中闪闪发亮的小湖。但天文学家知道，恒星是球状的氢气在内部燃烧，正在慢慢地变成氦气。每天夜里，用肉眼就看得到的恒星总有好几千颗。为了在每天夜里都能很容易地找到这些恒星，人们就把最亮的恒星连在一起。因此，无论在发达的文化还是人数稀少的族群中，

ART 1er JE CROIS EN DIEU
LE PÈRE TOUT PUISSANT
CRÉATEUR DU CIEL
ET DE LA TERRE
CRÉE LA LUMIÈRE
ET SÉPARE LES
DIEU SÉPARE LES EAUX DU CIEL DES EAUX DE LA TERRE
DIEU CRÉE LES HERBES ET LES ARBRES
DIEU CRÉE LE SOLEIL LA LUNE ET LES ÉTOILES
DIEU CRÉE LES POISSONS ET LES OISEAUX
ANIMAUX DE LA TERRE ET IL FAIT L'HOMME A SON

世界上各个地方都产生了星座的概念。

有些恒星的位置离地平线相当高，每天夜里都出现在同一个地方，它们既不升高也不降低，而是围绕着天上一个固定的点运转。对住在北半球的人来说，北极星就属于这种星。但是，对于南半球的人来说，星空围绕着一个看不见星星的区域旋转。

人类在天上看到的形象，通常正是他们关心的事物。当人们以狩猎为生时，他们看到天上有猎犬、熊和猎户。在18世纪，欧洲的航海家到达了南半球，看到天上有望远镜、显微镜、罗盘和船尾。

另一些星从东方升起，在西方降落，弧状的路径一直延伸到地平线下，只有在某几个季节才看得到这些星。但看不见它们并不表示它们已经熄灭：它们在白天通过天空，因而隐没在阳光之中。在白天的阳光下，再亮的恒星也会黯然失色，无影无踪。

星座的划分并不是绝对的，每种文化、每个部落、每个观察的人都有自己划分的方法。人们各自在天空中寻找自己熟悉的形象，用自己的想象为星座命名，并赋予星座夸张、生动的表象和稀奇有趣、引人入胜的故事与传说。但是，也有一些星座特征十分明显，虽说大小不一，世界各地的观察者却都赋予它们相同的名称，如大熊星座、猎户星座、昴星团和双子星座等即是。

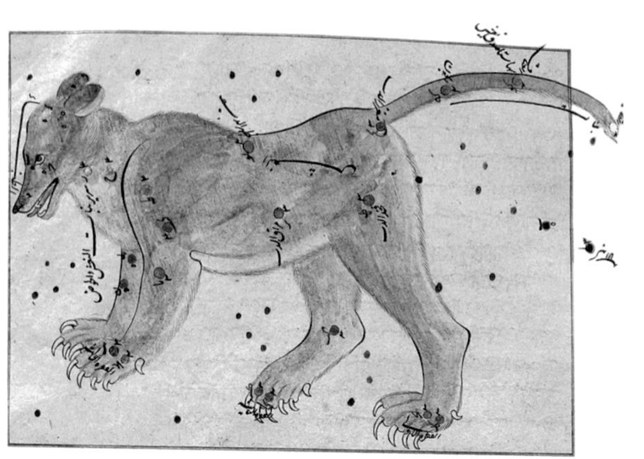

这幅 15 世纪波斯的图画，描绘的是大熊星座。大熊星座可以用来识别其他所有的星座。

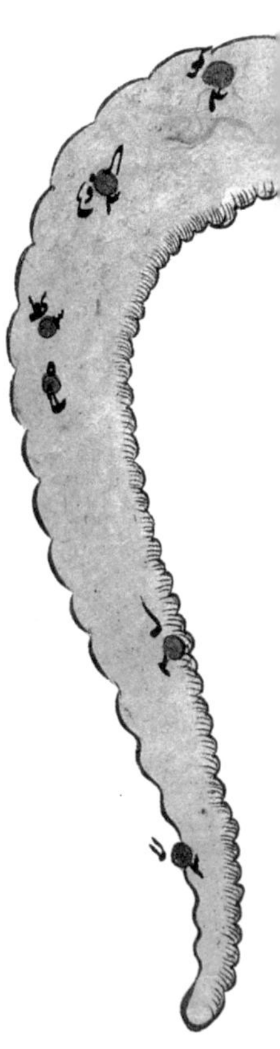

大熊星座往往被称为天上的四轮车。在西方，它的名称出自希腊神话

希腊神话故事中，有位仙女名叫卡利斯托（Callisto），也有人说她是国王的女儿。宙斯爱上她，让她怀了身孕。后来她被变成母熊。有些人认为，这是宙斯的妻子——天后赫拉（Héra）对她报复的结果。另一些人则认为，这是宙斯的诡计，企图把他的情妇隐藏起来，使她不致招赫拉嫉妒。不管怎样，在传说里，卡利斯托被宙斯放到天上变成了大熊星座。

墨西哥的印第安人阿兹特克人则认为，这个星座是特斯卡特利波卡神（Tezcatlipoca）。这位阴郁的神指向北方，代表死亡。他少了一只脚，据说是被天上的怪兽吃掉的。确实，在北半球的高纬度地区，大熊星座的任何一颗星都不会落到地平线以下，但在阿兹特克人居住的墨西哥高原地区，大熊星座的最后一颗星却总是被地平线所遮蔽。

在印度的传说中，大熊星座中七颗最亮的星是七

天龙星座弯弯曲曲，位于小熊星座和大熊星座之间。古埃及人认为，它是鳄鱼星座的一部分。中国人认为，它是紫微垣的一部分。1337 年，中国人在天龙座中发现一颗彗星。

位大贤人的住所。中国人也把这七颗星看作天上七位有权势的长老，或是夜空中的七个洞和心脏中的七个孔。西欧的巴斯克人（Basques）把这七颗亮星看作两头牛后面跟了两个小偷，牛郎和男女仆人则在暗中监视。第八颗星比较暗，被称为辅星（Alcor），是一条小狗。位于第二头牛上方的辅星则是只小老鼠，在啮咬牛轭的带子。有人认为大熊星座是只锅子，辅星则是个小矮人，正看着锅里的东西什么时候烧开，好把锅子从火上拿开。那一天就是世界的末日。这样，传说变成神话，神话变成故事，故事又成了神话，还说到世界的末日。

北极星是所有路人、海员、飞行者辨别方向的指标

有人说，星星是世界的窗口。有的人则说，星星是涌动着闪闪光线的眼睛，有些虫会从这儿跑到地面上。有人认为，北极星是天地之间相通的一扇门。地上的英雄可以由此逃到天上的神祇那儿，然后再回到地上。别的人则说，每天夜里都会出现的北极星是天的肚脐，是固定的宇宙中心，天空围绕它旋转，并且以它来确定其他星星的位置。还有人认为，星星是一匹匹的马，北极星则是拴马的木桩。无论如何，游牧的人、航海的人和早期的飞行员，都根据北极星来确定自己的位置。

在夜里，牧羊人可以根据星星和地平线垂直距离的变化，来计算时间的流逝。左边这幅版画摘自《牧羊人大历书》，它是欧洲最著名、最古老的历书。

下图是西伯利亚东部的楚科奇（Tchoutetchi）地区的画，主题是天空和地面的世界。画的上方是昴星团，左下方是银河，右上方也许是新月形的金星。

在世界各地的神话中，金星都端坐王后宝座上

“晨星就像全身着上红彩的人，穿戴着生命的颜色。他脚着腿套，身穿长袍，头上插着取自老鹰身上的柔软羽毛。这根羽毛就是高空中飘动的薄云……晨星，请为我们带来力量和新生，带来每一个白日。”这是以北美洲草原为家的印第安人的歌曲。有些人把晨星叫作牧羊星。不过，它虽然每天出现，却不是恒星，而是行星——金星。

这个易洛魁（Iroquois）面具涂着红色和黑色，象征东方和西方。

金星是行星，本身不发光。和内部蕴藏着巨大核能的恒星不同，金星发出的光来自太阳，是由本身大气层里的厚云反射出来的阳光。在黎明时分微微泛蓝的白色天空中，它发出明亮的白光。不过，印第安人却觉得它比火星还红，这如果不是因为他们的想象力太丰富，就是因为他们东方的天空有大量的尘埃，阳光才会变成红色。不过，他们唱道，金星带来每一个白日，说明他们已经正确地观察到，在地球和太阳间运转的金星，从不远离太阳。

克查尔科亚特尔是插着羽毛的蛇，是墨西哥的主神。他可以变化成各种形状，成为太阳、风和金星。

这是克查尔科亚特尔塑像的一组四件男像柱中的一件，形状代表金星，出自墨西哥古城图拉（Tula）的考古遗址。

美丽之星或厄运之星？金星总是魅力洋溢

金星的光芒如此耀目，又带来表示希望的黎明，所蕴含的意义应该是正面的。然而，金星并非总是代表吉祥。古代的墨西哥人害怕金星，在黎明时总要闭窗锁门，挡住它的光芒，因为他们认为，金星的光芒会带来疾病。玛雅人认为金星是太阳的哥哥，并把它想象成一个胖子，巨大的脸庞上长满了大胡子！

这幅维纳斯像是意大利画家佩鲁吉诺（Pérugin，1448—1523）所作。维纳斯站在自己的战车上，战车由两只鸽子拉着。画中还有她的儿子丘比特。

金星被看作太阳的哥哥，是因为它总是离太阳很近，日出时出现在太阳之前，日落时则出现在太阳之后。也许是因为这个现象，它才具有不吉祥的寓意：它既是晨星也是昏星，只出现短暂的时间，有时在白昼来临的东方，有时在黑夜降临的西方。对于玛雅人和阿兹特克人来说，金星既隐喻死亡，也象征复活。它是阿兹特克人的神克查尔科亚特尔（Quetzalcoatl），能使灭绝的人借着从死人王国中偷来的骨架复活，并用这位神赐予的血再生。

在西方，金星的传说则和女性、欲望及爱情有关。罗马的传说中，结合古代意大利爱与美之神维纳斯（Vénus）和希腊的感官与肉欲之女神阿弗洛狄忒（Aphrodite），塑造成罗马守护女神的形象。

星相学这门拟科学传之经年：它认为星星的运行影响人们的日常生活

黄道带（zodiaque）有此名称，是因为人们相信里面住着动物。十二宫也被称为“天屋”或“阿波罗的每月住所”，因为太阳每个月拜访一个宫，并在每年春季回到黄道中的起点。

星相学家也认为，金星象征美感经验。黄道十二宫中，受金星影响最大的是金牛座和天秤座。星相学家常常以黄道十二宫来讨论星的运行。他们认为，太阳绕地球运转，在星座中画出一个圆形轨道，称为黄道。5 颗肉眼能见的行星——水星、金星、火星、木星和土星，在一条很窄的带内运行，这条带被黄道分成两部分。五颗行星和两个光体（月球和太阳）在穿过这条带时，通过了白羊座、金牛座、双子座、巨蟹座、狮子座、室女座、天秤座、天蝎座、人马座、摩羯座、宝瓶座和双鱼座等 12 个星座。不知道是不是因为其中大部分星座以动物为名，天文学家和星相学者一直把天上的这条带子称为 zodiaque（来自拉丁文 zodiacus，意思是生物）。

不过，天文学家说的白羊，是指白羊星座；星相学者说的白羊，指的却是白羊宫，也就是黄道十二宫之一。公元前 2 世纪时，宫名和星座名称相同，不过两者之间存在岁差。太阳在恒星中间所走的“路”的这种变化，对星相学者来说是个恶作剧。岁差使太阳在春季经过赤道的点往后移，并产生了星相学者所说的十二宫。因此，今天星相学中的宫名与星座名不同。例如，现在的白羊宫是双鱼星座。当天宫图告诉你，太阳进入白羊宫时，它实际上进入了双鱼星座。不过，星相学者认为，2000 多年

人被看作“小宇宙”，这张人体星相卡就是明证，人体各部位都有黄道十二宫的图，因为据说它们分别控制人体的各个部位。

前白羊座所在的区域，至今仍保有此星座的特性。星相学上的象征虽说过于简单（狮子表示力量，双子表示温柔），倒也说得通。不过，如果说将来某个时候，在太阳进入双子星座时却仍然处于狮子星座的威力之

3 月 21 日至 4 月 19 日：白羊座

4 月 20 日至 5 月 20 日：金牛座

5 月 21 日至 6 月 21 日：双子座

6 月 22 日至 7 月 22 日：巨蟹座

7 月 23 日至 8 月 22 日：狮子座

8 月 23 日至 9 月 22 日：室女座

9 月 23 日至 10 月 23 日：天秤座

10 月 24 日至 11 月 22 日：天蝎座

11 月 23 日至 12 月 21 日：人马座

12 月 22 日至 1 月 20 日：摩羯座

1 月 21 日至 2 月 19 日：宝瓶座

2 月 20 日至 3 月 20 日：双鱼座

下，听起来就有点儿费解了。这仿佛是说，宇宙空间看不见的力量大于星星的力量，星星却又决定我们的命运，而且每个星相学者对命运的预测都不相同，这又怎么解释呢？

总之，金星表示爱情和温柔，在中世纪被称为小吉星；而火星则被称为小凶星，

2000多年前，星相学家想出了命运图卡，说天宫图能用来算命。民间星相学的说法讨人喜欢，又模棱两可，能消除人们的不安，丰富人们的想象力，增加他们的好奇心。不论占星家看星相（左图）还是确定新生儿在天宫图中的位置（左下图），都要有一整套的星相学知识。这种知识在今天的报纸和杂志上到处可见。

星相学中隐含的决定论使人文主义者彼特拉克特别反感。他对此发出强烈的抗议，并颂扬人类的自由：“为什么要贬低天地，毫无理由地侮辱人们的孩子？为什么要让光彩夺目的星星具有毫无价值的天命？我们生来自由自在，为什么要把我们变成毫无生气的天空的奴才？……”

表示力量、活力和好斗。水星的运气好，当上了信使，因为传说中，它是太阳和月亮的儿子，负责联络、沟通和交际。木星是最大的行星，所以也被赋予最大的权力，表示威望、秩序和平衡。至于土星，它颜色灰白，就被说成了大凶星，表示无能、倒运与停滞不前。

这张 15 世纪书中的精致插图摘自英国人巴泰勒米（Barthélemy）的《事物特性论》。图上依据星相学区分天空，并画有五大行星和两大光体，四周是黄道十二宫。

银河像一道乳汁洒在天上，这条银色的光带镶在夜空中，是灵魂通向阴间的道路

在晴朗的夜晚仔细观察，就会看到一条乳白色的光带穿过整个天空，发出暗淡的光线，而黑色夜空的其他部分则满布明亮的星。长久以来，天文学家往往只把银河看作地上蒸发的水汽，在空中飘动，而没有尝试进一步探索银河的秘密。直到 1609 年的一个冬夜，伽利略把望远镜对准银河，才发现它原来由许多星星组成。

许多欧洲传说都把银河看作洒在天上的乳汁。银河（法文 Voie lactée，英文 Milky Way，直译是牛奶路）的名称，产生于和希腊神话中著名的英雄之一赫拉克勒斯（Héraclès）有关的传说。赫拉克勒斯是宙斯和凡人的私生子，他得吃宙斯脾气暴躁的妻子——天后赫拉的奶，才能成神。宙斯多才多艺的儿子赫耳墨斯趁天后睡着时，把孩子放在她的乳房上。虽然赫拉一睁开眼睛就把这孩子推开，但为时已晚，乳汁从她乳房中流出，在天上形成一条带子，那就是银河。

南非博茨瓦纳（Botswana）的一个民族，对银河所作的解释颇富诗意。在那里，银河被称为夜的脊柱。夜被比作巨大的野兽，人们住在里面。因此，银河支撑着夜，没有银河，夜的碎片就会掉到我们的脚边。

鸟类的小道，大雁的路途，还是盗贼的捷径？

欧洲人认为，银河是乳汁留下的痕迹。因纽特人却说，银河是大乌鸦（星座）留在雪地上指示路径的痕迹。爱沙尼亚和斯堪的纳维亚半岛北部拉普兰地区（Laponie）的人说，银河是鸟类的小道；伏尔加河上的芬兰人则认为，它是大雁的路途。高加索的鞑靼人认为，它是偷稻草的贼走的路。某些伊斯兰教徒认为，银河是通往麦加的朝圣之路；而在欧洲的天主教徒看来，它是去往西班牙圣地亚哥的朝圣者走的路。传说中，使徒雅各（Saint Jacques）在银河中对法兰克国王查理曼大帝（Charlemagne）显身，指出路径，让查理曼到西班牙去寻找他的墓地。有很多地方的人认为，银河是灵魂通向阴间的道路，路的终点就是死人居住的国度。

牛郎和织女隔着天河相望

在许多传说中，银河都是由地入天的通道。它在夜晚的作用，就如同虹在白昼的作用。中国人的神话中，最普遍的说法就是把银河当作天上的一条长河，隔离了牛郎和织女两颗星。传说中，每年农历的七月七日（又叫“七夕”）是他们一年一度相会的日子。但也有人认为，“天河”与东方的海或西方黄河的源头相通。有一则传说指出，每年 8 月都会有艘船沿“天河”入海，有个住在海边的人好奇登船，最后竟遇见了织女和牛郎。另一则传说中说，汉代张骞出使大夏，寻找黄河的源头，一路溯源，就上了“天河”。

1519 年，也就是哥伦布登上大安的列斯群岛之后大约 30 年，西班牙征服者科尔特斯（Hernán Cortés）率领 508 名士兵、100 余名水手在尤卡坦登陆后，随即挥军征服墨西哥，并发现了“太阳的子民”——阿兹特克人。当阿兹特克第九代皇帝蒙泰祖马二世（Moctezuma Ⅱ）引领科尔特斯步上俯瞰墨西哥城的金字塔顶端时，征服者只看到石头上雕饰的龙形图纹和作为祭品的牺牲者漫溢的鲜血。

第三章
昼夜的天体

奇怪的一对（左页图）：基督和死神。基督和太阳联系，死神则和月亮联系。这幅图说明两个恒久不变的极端：太阳主吉，月亮主凶。

古墨西哥人自命为“太阳的子民”，以“珍贵的水”献祭，确保自己的神能永存。所谓“珍贵的水”，就是牺牲者的鲜血

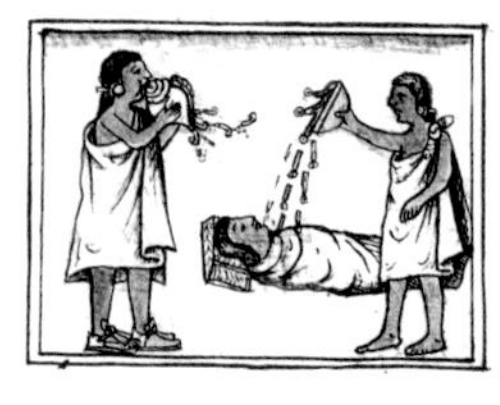

在祭祀太阳或其他主神的盛大仪式上，阿兹特克人献祭活人作为牺牲。科尔特斯竭力要他们取消这种习俗。

墨西哥的印第安人认为，从前有过 4 个世界，也就是以前的 4 个太阳，但它们都已毁于灾难；第五个世界，也就是现在的太阳，是两个对立的神合作创造出来的。这两个神，一个是光明之神羽毛蛇克查尔科亚特尔，另一个是黑暗之神特斯卡特利波卡，他有一只脚是黑色发亮的镜子，曾在最后一次灾难之后把天托起。但是，这新的世界又黑暗又寒冷，所以神们决定创造太阳和月亮。然而，要造太阳和月亮得牺牲两个神。第一个神自愿跳到火堆中，立刻变成太阳；第二个神犹豫了 4 次才跳进去，所以月亮的光没有太阳强。

不过，这个世界还无法运转。太阳和月亮停滞不动，会使地面燃烧，但要让它们运动，所有的神都得牺牲。克查尔科亚特尔负责杀死所有的神，然后自杀。但他的死只是暂时的死亡。当克查尔科亚特尔复活之后，他就到地狱去寻找死者的骨头，把这些骨头弄成粉末，洒上自己的血，创造出新的人类。因此，创造这个世界，流了很多血，也死了很多人。因为有死亡才会有新生。

创造世界的这个传说，使阿兹特克人认识到：世界和人类的生命取决于太阳的运动。但是，世界像太阳一样，容易损坏。因此，皇帝必须负责世界运转，切实履行世界和创造世界的神之间签订的条约，保证使“珍贵的水”，也就是牺牲者的血流在祭坛上，以恐吓、阻止那股毁灭世界的力量。

古巴比伦人特别崇拜月神，认为她是宇宙秩序的主要保证

这块重 20 吨的巨石被称为“太阳石”，具体而微地呈现出古代墨西哥人的宇宙观。巨石中央吐舌的人脸，通常被认为是太阳神托那蒂厄（Tonatiuh）的脸。他在索取人血做祭品。

公元前 17 世纪，在巴比伦文明中诞生了人类历史上第一部文学作品——叙述创世的史诗《埃努玛·埃立什》（*Enouma Elish*）。“宇宙之始，诸神安努（Anou）、恩利勒（Enlil）和伊亚（Ea）制定天地之守护神为二：太阳［欣（Sin）］和月亮［沙玛什（Shamash）］。他俩平分日夜，令整个天界认识时间的规律。”太阳和月亮同时诞生自始初女神提阿马特（Tiamat）体内。他们不但是白天和夜晚的光源，也主宰时间：太阳将

日和年赐予人类，主管两种时间单位；月亮则节制月的度量，主管一种时间单位。

巴比伦神话和古墨西哥印第安人神话的不同之处，在于巴比伦人担心的是月亮的安危。月亮有圆缺，也会消失和再现，又是变化及不稳定的象征。如果每次新月都代表月亮暂时的死亡，月食可能会造成月亮最终的死亡，必须特别小心。人们认为，对于发生在不同月份的月食，要采取不同的措施替月亮驱邪。和墨西哥印第安人的神话类似的地方，是巴比伦神话中负责维持世界正常秩序的人也是国王。因此，有时得用松节油给国王洗澡，

巴比伦文化认为，布满星星的天穹和两个光体是始初女神提阿马特的身体，被巴比伦的主神马尔杜克（Marduk）一分为二。

阿兹特克人认为，科约尔绍基（Coyolxauhqui）是月亮和夜的象征。右图她的巨型头像的前额上，是一个个月相。她是战神及太阳象征维齐洛波奇特利（Huitzilopochtli）的妹妹。

并且替他涂上一种叫没药的香料。有的时候则让国王躺在门后，在他身上洒雨水，然后让他穿上节日的盛装，和一位老妇人接吻拥抱。

太阳和月亮确实关系密切……

太阳和月亮两个光体分享天空，一个管白昼，一个管黑夜。在满月时，这两个天体一个在地球的上方，一个在地球的下方。月亮在东方升起时，太阳正在西方落下。月亮和太阳这两个光体都据有天空，都因地平线上的尘埃而变成红色，也都呈圆形。这对闪耀的星体可以说是兄弟姐妹。

许多文化中，牛角是月亮的象征，因为它形状像蛾眉月。亚述人认为，月亮和天上的母牛应该联系起来，一起在祈求丰收的仪式中祭拜。苏美尔的颂歌把月神称为“不知疲倦、动作灵活的公牛”。

在 3000 多年前的巴比伦神话和 16 世纪的墨西哥神话中，月亮和太阳都同时出生。在许多宇宙起源的故事中，它们往往也是亲戚。例如，因纽特人认为，月亮和太阳是海边村里的孩子。女孩不愿再被哥哥纠缠，就逃跑了，她爬上一个长梯，变成太阳。哥哥匆忙中没穿衣服，就去追赶妹妹，变成永远追不上太阳的月亮。变成月亮的男孩，饿肚子却没有东西吃。

这一对穿着王袍的太阳和月亮，是16世纪一本炼金术著作中的插图。太阳身穿红袍，脚踏燃烧的大地。月亮身穿白袍。炼金术士认为，太阳是物质内部固有的火。他们把红色的硫称为太阳树，白色的硫称为月亮树。他们也把月亮称为狄安娜（Diane），把太阳称为阿波罗。在神话中，狄安娜是阿波罗的姐姐。她为母亲接生，生下弟弟，因为红色的太阳是在白色的月亮之后出现的。但是，炼金术士所说的红色的硫，既是天然的硫，又是哲学上物质的精粹这种话，术士可以一页一页地写下去，但意思只有他们自己才知道。

但是，变成太阳的女孩，只有在月亮饿昏后才给他一点东西吃。然后，月亮又得挨饿，直到再次昏倒。这真是个对月相的巧妙解释。在阴暗、寒冷的夜里出现的月亮，通常和女人联系在一起。可喜的是，因纽特人的说法突破了这种刻板印象。

二元论的创世说，直到今天还在某些农村里广泛流传。在法国的布列塔尼地区，人们会把事情区分成上帝做的事和魔鬼做的事。人们会说马是上帝创造的，驴则是魔鬼创造的；太阳是上帝创造的，月亮则是魔鬼创造的。人们往往认为，月亮是做坏的或衰老的太阳。在法国南部，有人说上帝本来有两个太阳，把一个留着备用。但是，有一天，上帝发现这个太阳因为被冷落而变老了。他不知该怎么处理这个太阳，把它扔到天上，它就成了月亮。

“先生，你刚才偷了我们的柴。”“天哪，我怎么会在月亮上？是你在说谎。”他还没有说完，就已经到了月亮上。

——19世纪农民传说

月亮上的黑点到底是什么呢？

我们看到的月亮永远是同一面，颜色灰白，上面有大大小小的黑点。这些黑点在各种传说中，常被看成人或动物。在西欧人的眼里，这些黑点看起来像被钉在天上示众柱上的一个人。他之所以被送上示众柱，是为了赎罪。为了使人们引以为戒，这个人还背着自己的罪证。传说中，这个人犯的罪往往和宗教有关。在有基督教传统的国家里，他的罪可能是违反星期日不得工作的戒律、偷窃或吝啬。奇怪的是，不论故事中他犯的是什么罪，罪证都是一捆柴：或者是他在星期日砍的柴，或者是他偷的柴，或者是他不肯送给穷人的柴。

在法国西南部的加斯科涅（Gascogne），据说这个犯罪的农民是在复活节的那个星期天被风刮上月亮的。他砍那捆柴本来是要用来修理他的篱笆。现在他得耐心地待在月亮上，一直等到最后审判的那天了。在 20 世纪初，旺代（Vendéen）的农民会告诉小孩，那个人背着柴被送上月亮，是为了惩罚他不让耶稣到家里取暖。在上布列塔尼（Haute Bretagne），人们都知道，有一天，有个贼正背着偷来的柴逃跑时，上帝突然降临。他告诉这个贼："为了惩罚你，我应该把你处死。但是，现在我要让你活尽你的天年，只不过你得选个地方流放。你想去太阳还是月亮？""我宁愿去月亮，"那人答道，"月亮只在晚上出现，别人就不一定会看到我。"

这个故事对月亮上的柴捆有相当合理的解释。月亮上的人是因偷窃而受到惩罚的，而偷窃往往在夜里进行。此外，在许多国家，偷来的柴也叫作"月亮上的柴"。某些民俗学者认为，这个故事源出《圣经》。在《旧约·民数记》（第 15 章）中，耶和华吩咐摩西，把在安息日捡柴的人处死。

日本国教神道教中，很少提到月亮和月神。因此，民间的传说能自由地想象月亮的种种。人们往往说兔子住在月亮里。这种传说是跟佛教一起从印度传来的。中国人也认为兔子是月亮中的动物。但是，日本人很快就把它日本化，说它是日本山阴地方因幡的白兔。因幡白兔的故事，曾在《古事记》中叙述。《古事记》根据口头传说编纂而成，成书于 712 年。

甚至早在蒙昧时代，人类对太阳和月亮已经有丰富的想象

"我看到月亮上有三只小兔……"这首儿歌和各国类似的传说不谋而合，都说月亮上有只兔子。南非的霍屯督人（Hottentots）也认为，野兔和月亮有关。据说，有一天，月亮叫虱子告诉人们，人们将和虱子一样，死后可以复生。虱子在路上遇到一只野兔，野兔说，它跑得比虱子快，可以先把消息告诉人们。但是，野兔奔跑时会失去记忆，所以把原来的消息都忘记了，却对人们说，人将像月亮一样，会落下并且死亡。月亮知道野兔传错消息，非常生气，拿起一块木头砸到野兔嘴上，从此之后，野兔的嘴唇就裂开了。

墨西哥的大部分药典，把月亮画成一种形似新月、里面充满水的容器，容器上有兔子的侧面像。

太阳上住人的传说并不多。非洲多哥（Togo）的达贡巴人

月百姿
玉兎
孫悟空

（Dagombas）说，太阳上有个市集。当太阳周围出现光晕，市集清晰可见。住在市集上的是神的白羊。白羊用蹄踩太阳就鸣雷，挥动尾巴就闪电，羊毛掉落便下雨，它在市集周围奔跑时就刮风。

月亮丰富了人类时间的节奏

虽然月亮往往被看作衰老的太阳，而且对地球的影响远不及太阳重要，人们赋予月亮的权力却比太阳更多、更大，甚至说月亮会使对着它小便的妇女怀孕！

月亮的权力，首先来自它掌管时间的方式。没错，月亮不像太阳那样既区分昼夜，又划分年份，不过，每天早上出现的太阳总是一模一样。日复一日，太阳赋予人类的时间一成不变，而月亮总有盈亏，像人会逐渐衰老。

要觉察四季的变化，并做合理的解释，需要经过缜密的观察和理性的思考。温带的人，生活环境中四季分明，对季节的变迁也比较敏感。此外，身为现代人的我们，知道得找出原因才能下结论。而在神话、传说盛行的过去，人们却是用“甲这样，所以乙也应该会这样”的方式来思考。

月亮盈、亏，消失三天，然后重新出现，成为蛾眉新月。月亮赋予人们的时间具体、鲜活，变动流逝，人们感觉得到。因此，月亮成为时间、变化和命运的主宰。巴比伦的传说认为，人是在新月时被创造出来的，因此人能和月亮一起继续成长。

但是，月亮可以无尽再生，人却不能。下面这个非洲的童话把这点说得很清楚：一天夜里，一个老人看到一个死去的月亮和一个死人。他召集许多动物，对它们说：“你们之中有谁愿意把死人或月亮驮到河

月的周期和妇女月经之间的巧合，使人认为月亮是妇女的第一个丈夫，而妇女受月亮的影响很大。

看来这幅插图的作者认为，妇女简直是受月亮控制。

的对岸？”两只乌龟答应了。第一只乌龟四足很长，驮着月亮，安然无恙地到达对岸。第二只乌龟四足很短，驮着死人，淹死在河里。因此，死掉的月亮总能复生，死掉的人却永远无法复活。

查理曼统治下的法国，圣诞节是一年的开始。这一天之所以重要，有两个原因：在宗教方面，这一天庆祝基督的降生；在天文方面，这一天和冬至相近，应该是新年的开端。这本15世纪的历书介绍的12个月和今天的大致相同，只差了几天，每个月用一种工作或一种大气现象来表示：1月下雪，2月翻土整理，3月修剪葡萄枝，4月羔羊出生，5月开始打猎，6月收割牧草，7月收获庄稼，8月打麦，9月播种，10月榨葡萄汁，11月放猪到橡树林中吃橡栗，12月杀猪。

天上的水，地下的水……月亮都是主宰

月亮主宰着天上的水。直到今天，还有许多人认为，新月升起时，没雨会落雨，已下的雨则会止住。然而，新月出现时，整个地球都看得到。很难想象，在地球上的所有地方会同时降雨，或者同时雨停。

月亮也主宰地上的水。人们很早就发现，海洋会随着月相的变化升降。这回，“甲这样，所以乙也应该会这样”的推测，没有被科学的发展否定。和月亮一样，太阳也能引起潮汐。月球和太阳的引力，都使海洋的水面升降，但太阳只起 1/3 的作用。

话说回来，水中之月是不切实际的。许多神话和传说都说明了这点。故事中，最常受骗上当的往往是狼，骗它的则是狐狸。狐狸在狼要吃掉它的危急关头，把在平静水面上的月亮倒影指给狼看，使狼相信那是一个姑娘在水里洗澡。狼听了这话，就跳进水里，被水淹死。

印度神话中，月亮和水关系最密切

苏摩（Soma）的故事把月神旃陀罗（Candra）和水联系起来。苏摩是一种乳白色的发酵液体，从生长在山上的一种植物中榨出，据说有生发的作用。植物的汁榨好以后，要用母羊的毛过滤，然后倒入木壶，并和以水和奶。

苏摩喝起来有点苦，有兴奋的作用，使诗人开口说话，具有各种效力和能力，因此，很快成为众神专用的玉液琼浆。不久之后，这些效力和能力具有了人形，名字就叫苏摩，成为一位重要的神灵。

榨取苏摩汁的仪式造成宇宙变化：过滤用的羊毛象征着天，汁液象征雨水，苏摩就这样成了水神。

有一天，人们正在搅拌做苏摩用的“乳海”时，旃陀罗

搅拌"乳海"，以及众神饮用苏摩，是印度神话中最受欢迎的两个题材。毗湿奴化为一只乌龟，背上驮着曼陀罗山（mont Mandara），魔鬼和神祇让这座山在他背上旋转。蛇王婆苏吉（Vâsuki）被缠绕在山腰，一头由魔鬼拉着，另一头由神祇拉着。乌龟壳上面圆，像是天穹，下面平，犹如大地，是宇宙的象征。另外，乌龟缩成一团，有耐力，四足短而有力，往往成为背驮世界的动物。

刚好出现，结果被苏摩吞了下去。于是旃陀罗就成了水神的另一个名字。每天晚上，旃陀罗都要重新自海洋出生。

在搅拌"乳海"后，众神之首因陀罗分发苏摩。

月亮是天上的园丁

宁巴（Nimba）是几内亚北部巴加人（Bagas）的生育女神。她保护孕妇，能治疗不孕症。她丰满的乳房使人想起她曾怀过许多子女。宁巴脸像犀鸟。巴加人认为，这种鸟象征多产。宁巴出现在庆祝稻米丰收的仪式上，由身着纤维的强壮青年举着。图中的塑像是在 1933 年搜集到的，现在是巴黎人类博物馆的主要展品之一。

月亮主宰时间，主宰未来，也主宰使种子发芽的水，自然也主宰植物。波斯古经《阿维斯陀》（*Avesta*）中的《亚什特》（*Yasht*）说，植物靠月亮发出的热生长。巴西的某些部落认为，月亮是百草之母。在中国古代，人们认为月亮上长着桂树。在许多地区，农民至今还在新月时播种，以保证种子和新月一起生长。另一方面，人们更喜欢在月缺时砍树或收割蔬菜，因为有些人担心，在月亮变圆时损坏活的植物，会扰乱宇宙的运动。

很多人都知道，园丁担心“橙黄月色”会危害作物。欧洲著名的谚语“月色橙黄寒霜浸，庄稼冻死幼苗时”，表达的就是这份忧虑。4 月份开始，月色变得橙黄，这种情形一直到 5 月才消失。这时，庄稼的幼苗还很娇嫩，而早晨却仍有霜冻。如果天气晴朗，天黑之后地面会很快冷却，温度就会下降，甚至结霜。反之，如果是阴天，月亮不出现，云层会使地面冷却的速度减慢，对植物的危害就比较小。幼苗冻萎并不是因为月亮或月光，但月光明亮显示天空特别晴朗。一般的说法只把月色和幼苗的冻萎看作单纯因果关系的连接，而科学却找出了这个因果关系的解释。

月亮、流逝的时间、雨水和植物之间的这些对应关系，都可以在非洲俾格米人（Pygmées）的宗教中找到。他们习俗中的新月节正好在雨季之前，而且是妇女的节日，太阳节则是男人的节日。月亮是“植物之母”，也是“幽灵之母和藏身之处”。为了歌颂月亮，妇女把植物的汁液和着白泥涂在身上，使自己变得像幽灵，而且和月亮一样白。妇女舞蹈直到精疲力竭。她们跳着舞，喝着用香蕉发酵做成的烧酒，祈求也是“生灵之母”的月亮，让死人的灵魂离得远远的，让部落子孙繁衍，捕鱼、打猎和采集果实都能丰收。

太阳是国王，国王也是太阳

在宇宙群星中，太阳并没有什么大不了的。和别的天体相比，太阳的大小和温度都没有什么特殊之处。但太阳比其他恒星离地球近，是供给我们光和热的天体。40 多亿年以来，地球沐浴在阳光之中，而阳光又使各种能量和生命得以延续。世界各地几乎都把太阳奉若神明，但太阳崇拜却并不多见。20 世纪初的人类学家詹姆斯·弗雷泽（James Frazer）发现，在非洲、大洋洲和澳大利亚的神话中，太阳的地位并不稳固。美洲情形亦然，除了两个例外：古印加帝国所在的秘鲁和古阿兹特克帝国所在的墨西哥。在美洲，仅此两者曾发展出庞大的政治组织。其他地方亦复如此，只有在文明高度发展的古埃及、欧洲和亚洲才有太阳崇拜的情形。由此可见，太阳崇拜的重要功能之一，是赋予社会政治结构的合法性：就像太阳维持宇宙的秩序一样，国王或皇帝被视为太阳之子，维持社会的秩序。

在 17 世纪的法国，到处都是形象为太阳的国王和形象为国王的太阳。左图是太阳王路易十四（Louis XIV）装扮成阿波罗的形象。

约翰·雅各布·舍赫泽（Johann Jakob Scheuchzer）是18世纪初的博物学家，最著名的研究成果为有关化石及化石和洪水之关系的理论。在他讨论《圣经》的著作中，把《圣经》同其他文化的宗教著作进行比较。在他的书里，我们可以看到日本人太阳崇拜的仪式。在古代的日本，自然力和自然现象被当作神（Kami）来崇拜。神被人格化后，被看作较高贵的人。冬至时，人们在太阳到达天空中最低点时举行仪式。这个仪式主要由女性的灵媒执行，目的是赋予生命力减退的太阳新的活力。

在烈日当空，肥沃的黑色尼罗河穿过的埃及，太阳神逐渐成为众神之首

埃及人和阿兹特克人是太阳崇拜最为全面的两个民族，他们所开创出来的太阳文化也最为光辉灿烂。

太阳神成为埃及主神的过程，历经缓慢的演变：首先，埃及古城赫利奥波利斯（Héliopolis）之神、太阳神拉［Râ，也称作“瑞”（Rê）］逐渐扩张势力，逐步取代其他的神祇，在埃及诸神中占据重要地位。其后，公元前3000年左右，埃及的神祇形象进行了第一次的合并，当时埃及法老为美尼斯（Menes），他崇拜荷鲁斯神（Horus）。荷鲁斯形似鹰隼，以太阳、月亮为双目。美尼斯统一埃及，建立了第一个王朝后，先建都提尼斯（Thinis），位于丰产之神俄赛里斯（Osiris）的圣地阿比多斯（Abydos）附近。后来，美尼斯又在距太阳神圣地赫利奥波利斯不远之处的孟斐斯（Memphis）建立新都。于是，荷鲁斯、俄赛里斯和拉的形象在神话中逐渐融合，太阳神成为王国最重要的神祇，各地的神祇也都演化成太阳的模样，并把自己的能力赋予太阳神。最后，赫利奥波利斯城的祭司将太阳所获得的能力统合起来，太阳神终成王国主神。

印加人的这个金面具代表太阳。印加人是克丘亚的部落，是享有特权的氏族之一。他们建立了中央集权制的强大帝国。帝国元首是印加皇帝，他被看作太阳之子，像太阳一样受到崇拜。

亨特-道依(Hent-Taoui）是埃及国神阿蒙-拉(Amon-Râ）的音乐女祭司。她死后，和头部为白（有些人说是狒狒）的月神托特（Thot）一起崇拜带有拉的一只眼睛的日轮。托特把咒语告诉死人，使他们能进入地下的世界。

荷鲁斯代表创世时出生的太阳。在太阳船上，和它做伴的是从火中诞生的神鸟贝努（benou）。

太阳神成了主神之后，以各种面貌统治埃及

太阳成为埃及的主神之后，拥有众多名字，以种种面貌统治埃及。

刚露出地平线的太阳叫作阿吞（Aton）。刚刚升上天空的旭日则叫凯普里（Khépri），这时，它是巨大的甲虫，推

着日球，就像蜣螂推着食物去储存。埃及人认为，日球里面藏着卵，会孵化出新生命。太阳升到天顶，就是拉，赫利奥波利斯的神。最后，太阳落山，成为老人阿图姆（Atoum）。

除此之外，也有人说，阿吞是升到天顶最高之处的太阳。这个时候的太阳，形状是赤色的圆盘，其万缕辉光则是一道道末端为手的光线。人们也常把荷鲁斯神的能力和主神拉的能力结合在一起，并把这样的太阳称为拉－何拉克提（Râ-Horakhti）。这时，太阳的样子是长着翅膀的圆盘，出没在地平线上，每天都发出不同的光辉。

公牛神阿匹斯（Apis）是尼罗河河神的化身之一，也是俄赛里斯的儿子的化身之一。据说，它是一线阳光落到一头母牛身上之后生出来的，两角之间夹着日轮，因此也和太阳崇拜有关。

太阳又是至高无上之神，以及丰饶与文明之神兼冥王俄赛里斯和他的妻子伊西斯（Isis）所生的金色牛犊。每天早晨，母牛形状的伊西斯将太阳牛犊生下。到了晚上，伊西斯再张开巨吻把牛犊一口吞没。太阳也是一枚蛋。黑水鸠形状的大地之神盖布（Geb）每天早晨欢悦鸣叫，产下这枚太阳巨蛋。

不过，隐喻太阳移行天幕的行驶着的小船形象，还是埃及神话中最普遍的太阳形象。太阳神拉用来在天上航行的船共有两艘，白天用“百万年之舟”，夜里则用“梅塞克泰特（Mésektet）之舟”，即“黑暗之舟”或“死人之舟”。

有的星体恒常不易，经年出现在天上同样的位置；彗星、流星则像淘气的孩子般四处游逸，扰乱天上的秩序。电闪雷鸣，是天上神祇愤怒的咆哮；敲锅打盏，放声凄号，则是人们对天空异象的回应。由文明古国到人烟寥落的部落社会，从美洲极北的加拿大到南端的秘鲁，处处都有以喧哗吵嚷对付日食、月食的习俗。

第四章
宇宙的混乱

古印度的天文平台不仅标出行星、太阳和月亮的位置，同时也把地球和月亮轨道相交的位置标出来。印度人把地球和月亮称为罗睺（Râhu）和计都（Ketu）。在这件雕刻作品中，恶魔罗睺手持月亮，因为他负责管理月食。

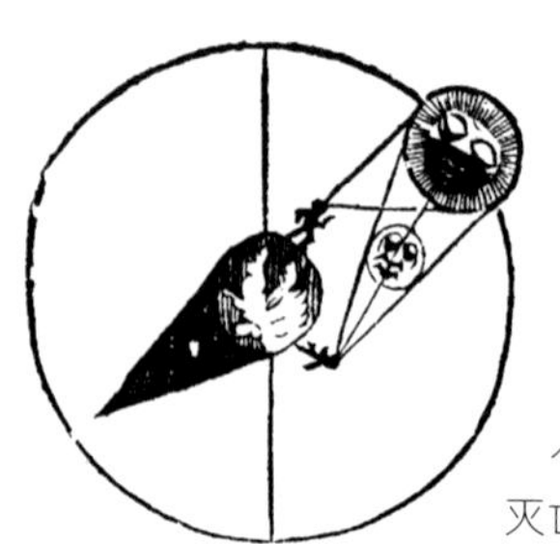

日食、月食引致的震耳喧嚣，自远古时期便已在世界各地鸣响。老普林尼认为天文学家的成就之一，就是使人类不再害怕日食、月食。他提到，有些人担心天体的亏损代表天体即将灭亡，有些人则认为天体中了魔法才出现亏损的现象，而嘈杂声可以驱魔。从欧洲南端的意大利到北端的斯堪的纳维亚半岛，直到最近还有以嘈杂声对付日食、月食的习俗。这种习俗之所以产生，是因为人们认为日食、月食是怪物攻击并吞吃天体所造成的。发出嘈杂声的目的，当然是为了吓唬怪物，让它把吃掉的东西吐出来，把光明还给天空和人间。

基督之死是地上的异象，天上也出现异象相应：下图画的异象是二日同天。福音书里则说，天上突然出现日食，持续的时间异乎寻常之久。

喧哗嘈杂除了对付日食、月食，也用来谴责不相称的婚姻：它们都破坏了正常的秩序

狄德罗（Diderot）和达朗贝尔（d'Alembert）在《百科全书》（*Encyclopédie*）中指出，人们也在夫妻年龄差很多的人家门口，发出特定的喧哗声。范根内普（Van Gennep）在巨著《法国民俗学教程》（*Manuel du folklore français*）中也提到这种风俗，并且指出，这种谴责性的喧哗叫“charivari”。当村中出现“不当婚姻”时，就由村里的青年负责制造喧哗之声，执行谴责的任务。被指为“不当婚姻”的当事夫妻，在年龄或其他条件上差别很大或名声很坏时，执行 charivari 时发出的谴责和喧哗声也就更大。

有些民俗学者认为，charivari 的目的，在于排除不当婚姻对社会可能造成的不良影响。他们认为，这种针对不当婚姻所发的谴责之声，和日食、月食时因恐惧而发的嘈杂之声看似无关，其实却颇有雷同之处。在人们眼中，天体的亏蚀是

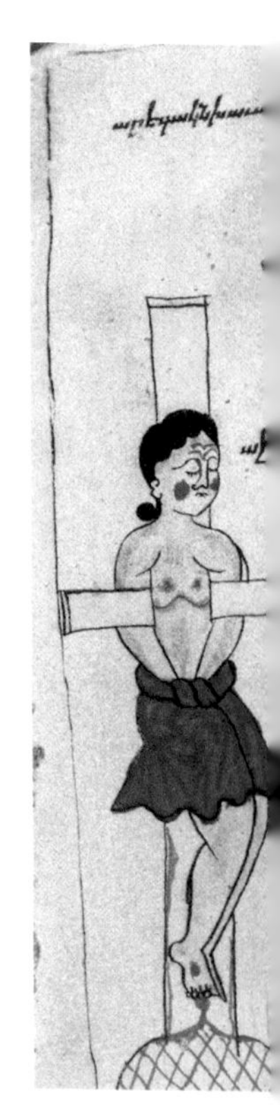

吞吃天体的怪物和天体的危险结合；而 charivari 谴责的对象，则是婚姻双方在各方面条件不相称下的不当结合。那么，喧哗嘈杂谴责的是“不当或危险的结合”吗？法国人类学家列维－斯特劳斯（Lévi-Strauss）提出了颇具说服力的解释：喧哗嘈杂谴责的不是“不当结合”本身，而是因“不当结合”所导致的失序状态。日食、月食“破坏了日和月、昼和夜、光明和黑暗等规律交替出现所构成的秩序”，造成宇宙的失序状态；身份、年龄、财富等方面条件不相称的婚姻，则破坏了社会的规范，造成

月球、太阳和地球一直在玩捉迷藏。地球转到太阳和月球中间，它的影子遮住了月球，就产生月食。月亮也会转到太阳和地球中间，产生日食。

16 世纪法国天文学家德·梅斯默（J. P. de Mesmes）想用通俗的法语来造科学的词汇。他不想用 éclipse（蚀）这个词，认为它过于高深，又不能区分日食、月食。他也认为，月食是绝对的，当月亮处于地球的阴影之下，月球的全部都被遮住了；日食则是相对的，月亮只能遮住太阳的一部分。梅斯默建议称日食为 empêchements du soleil（太阳的障碍），称月食为 défaillances de la lune（月球的衰退）！

左图对这对光体的描绘符合西方的人神同形说：阳刚的太阳抱住有女性美的月亮。

这幅月相图标示出地球和月球轨道相交的各个点。这些点被西方人称为龙头和龙尾，决定日食、月食的发生。当太阳和月球同时处于其中一点时，就会出现日食。

社会的失序。

另一个支持列维－斯特劳斯理论的现象，是人们往往也把日食、月食和乱伦都看作瘟疫流行的原因。南美洲地区有些人认为日食、月食预示疾病。他们相信，日食以后一定流行天花。1918年,西班牙流行感冒,造成南美洲许多土著丧命。人们却说，这是日食引起的，是“太阳致命的涎液流到了地球上”。

乱伦往往也被视为造成疾病的成因。有时，乱伦的传说就和日食、月食相联系。因纽特人关于太阳和月亮起源的传说，就是个有趣的例子：太阳姑娘逃跑，是因为她的月亮哥哥爱上了她，一直追赶她。他一直追赶……直到精疲力竭，产生食相。

在象征意义上，日食、月食与乱伦可能有类似之处。所

日食、月食和彗星一样，在民众的想象中占有特殊地位。这幅画是 19 世纪版画家的作品，描写秘鲁发生日食时，众人跳夏瓦里舞（chavari）的情景。

有神话传说的核心都可以找到乱伦的禁忌。乱伦是“不当婚姻”的一种特殊形式，象征社会的混乱。日食、月食则是月亮或太阳异常消失的特别情况，象征宇宙的混乱。

都是彗星的错！

彗星宛如着火的螺旋，看起来的确十分可怕，它不像颗星，倒像团火，使见者心惊胆战。

彗星几乎在世界各地都曾被当成凶兆。印加帝国末代皇帝阿塔瓦尔帕（Atahualpa）被西班牙征服者弗朗西斯科·皮萨罗（Francisco Pizarro）囚禁时，得知在他父亲去世前，有人看到天上出现一颗男人般大小、比矛还长的墨绿色大彗星时，立刻放弃了所有的希望。他的绝望并非全然无稽：1533 年 7 月 26 日，他被绞死了，印加帝国也就此灭亡。罗马著名的暴

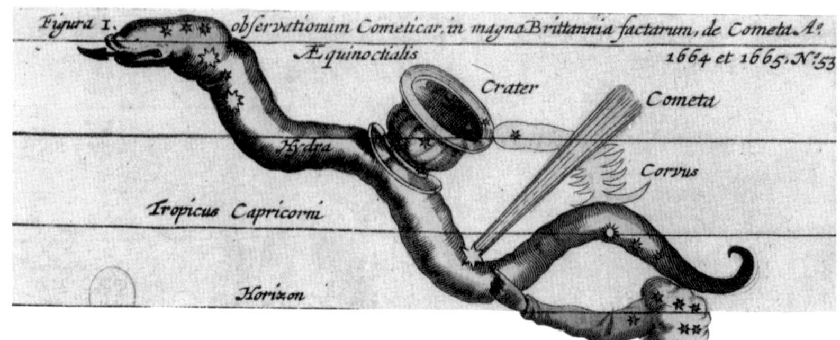

1664 年 12 月，一颗彗星出现在长蛇座（Hydre）中。在它的背部，可以看到巨爵座（Cratère）。

君尼禄即位时，也有彗星出现。就他的统治来说，这的确是个不吉利的预兆。

只有罗马帝国皇帝奥古斯都（Auguste）认为彗星是吉兆。他甚至下令在罗马的某座庙宇内供奉一颗彗星。这颗彗星是

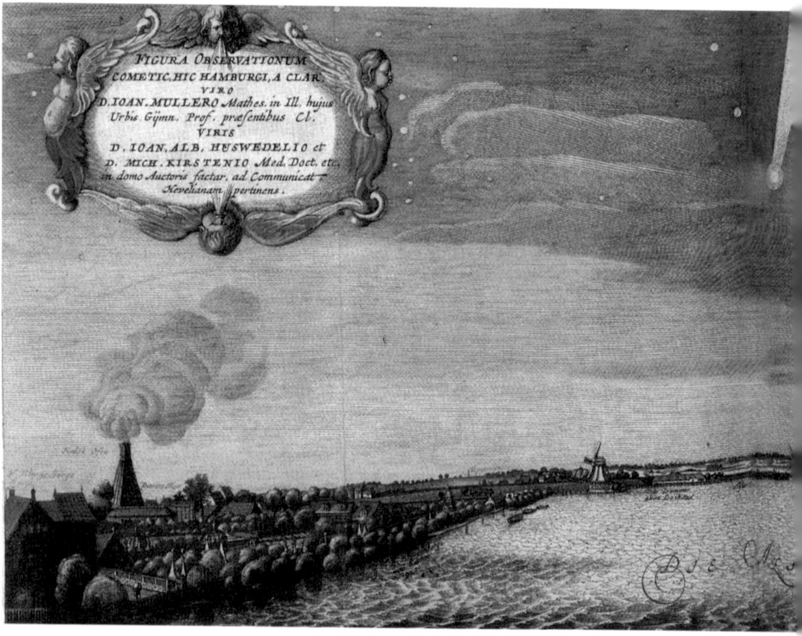

在恺撒死后不久的一次竞技比赛期间出现的。奥古斯都认为，彗星出现，说明恺撒的灵魂已成为神祇。不久之后，他命人在广场上放置一颗雕成恺撒胸像的彗星。但是，老普林尼认为，奥古斯都其实是替自己高兴：彗星为他而出现，他因彗星而获得新生。他的统治的确十分顺利。

一般人则认为，彗星严重扰乱天上的秩序，不能掉以轻心。在老百姓的想象中，彗星是魔鬼点燃烟斗后扔掉的火柴。因此，人们应该提防彗星。彗星出现时的位置、形状、飞向的地区和影响它的其他天体，都得特别注意。形状像长笛的彗星，代表和音乐艺术有关的预兆；出现在某星座阴部的彗星，预示道德的败坏；如果彗星和其他两颗星构成等边三角形，就预告不世出的天才和伟大知识的发现。

16 世纪中叶起，有关彗星的大部分古代资料被收集起来，汇编成《彗星图谱》这类的书。第一部这样的书，也许是施通普夫（Stumpf）撰写，于 1548 年在苏黎世出版的。但是，最重要、最著名也最精美的著作，无疑是斯坦尼斯拉斯·卢比尼兹（Stanislas Lubienietz）的《彗星目睹记》（*Theatrum Cometicum*）。该书于 1667 年在阿姆斯特丹出版。书中记述从洪水时期到 1665 年发现的所有彗星的情况。

LI STELLA MAGORUM *Matth. 2.*

LXVI. *Cometa Hierosolymitang* A.C. 68. 69. N°64

LXXXVII A.C. 387.

CXV. A.C. 457

Facies et Cursus horribilis illius Cometae C(α) A.C. 405. cui plane similis refertur. C.(β) A.C. 399. 400. ut non inmerito possit idem haberi.

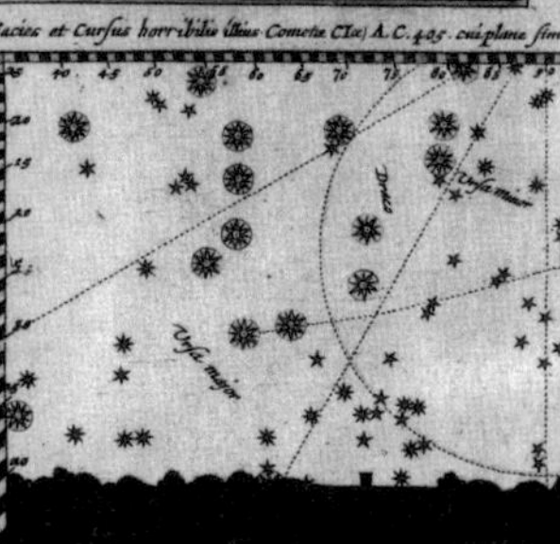

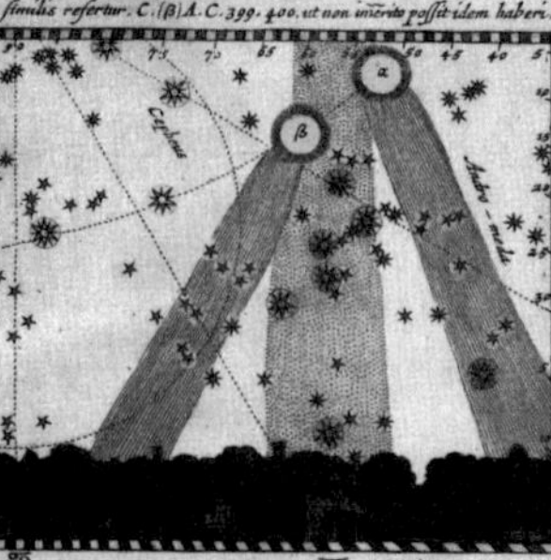

CXXIII A.C. 540

CXXX

Stopendaal Sculp.

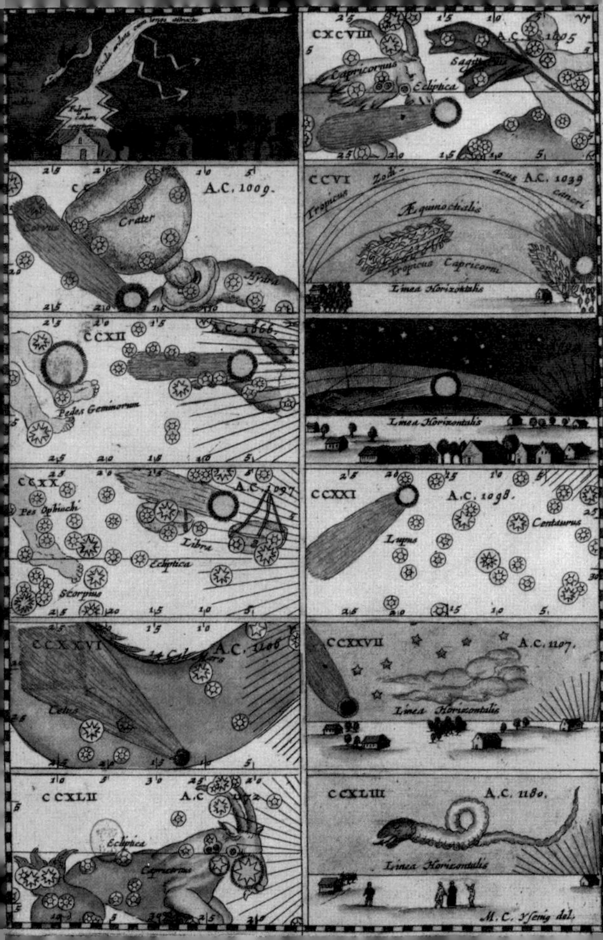

CXCVIII
Capricornus
Ecliptica
A.C. 1009.
Crater
Corvus
Hydra
CCVI
Tropicus Zodiacus A.C. 1039 cancri
Æquinoctialis
Tropicus Capricorni
Linea Horizontalis
CCXII
A.C. 1066.
Pedes Geminorum
Linea Horizontalis
CCXX
A.C. 1097
Pes Ophiuchi
Libra
Ecliptica
Scorpius
CCXXI
A.C. 1098.
Lupus
Centaurus
CCXXVI
A.C. 1106
Cetus
CCXXVII
A.C. 1107.
Linea Horizontalis
CCXLII
Ecliptica
Capricornus
CCXLIII
A.C. 1180.
Linea Horizontalis
M.C. Ysenig del.

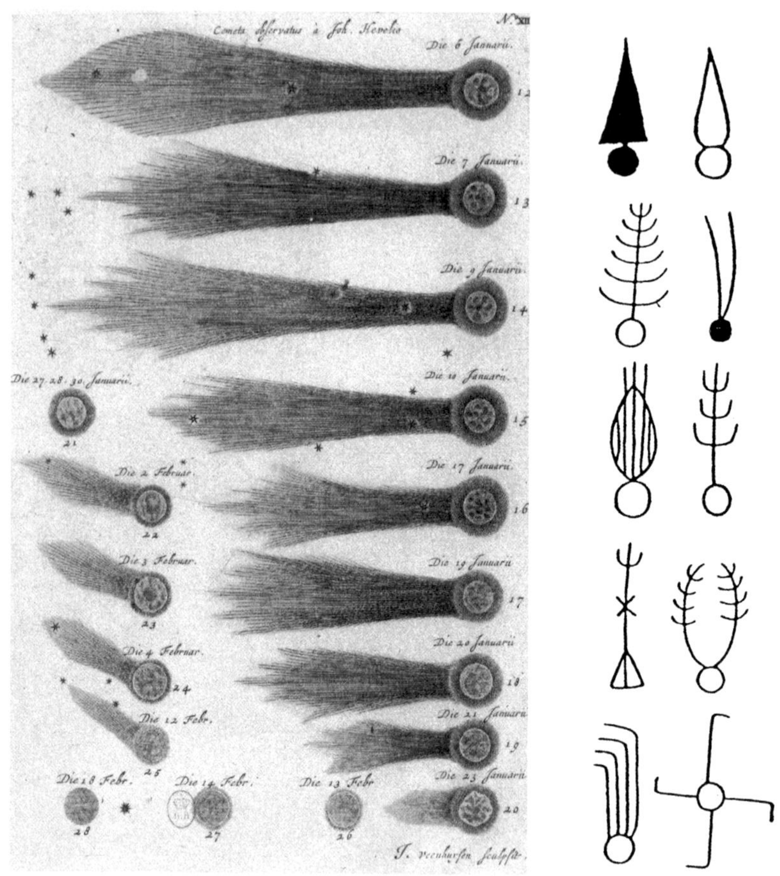

这些图画中的彗星（上图）摘自最早的帛书《彗星图谱》。书中根据彗星出现和预报灾害的种类，共有 29 颗彗星的描写和分类。

科学家对彗星看法殊异，弄不清彗星的起源和性质

亚里士多德认为，彗星只是大气现象。彗星因地球大气变热而产生，在月球和地球之间往来。笛卡儿（Descartes）认为，彗星带来远方世界的音讯。今天的科学家则认为，彗星是太阳系中的天体，但来自太阳系边缘，带给我们那里的信息。

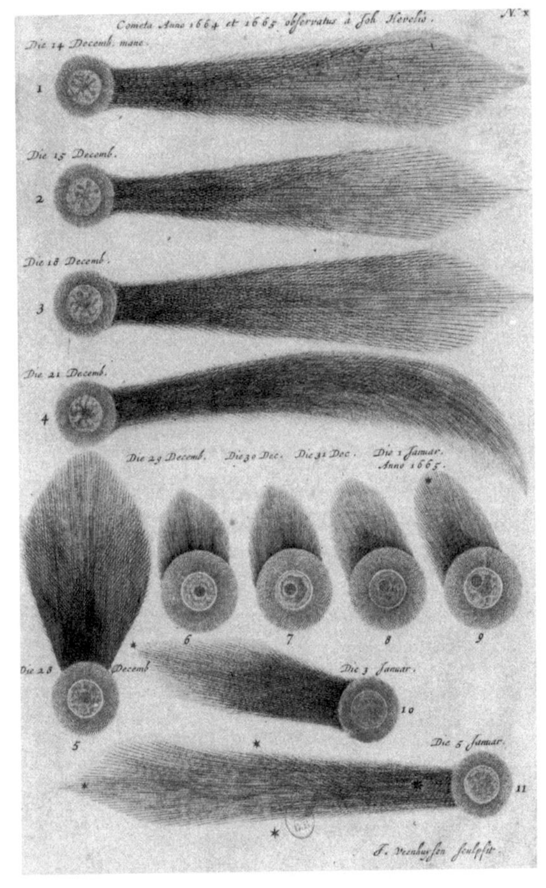

彗星形状各异。和帛书一样，《彗星目睹记》中也罗列了彗星的种种形状。左页右图录自中国马王堆出土的帛书。这卷帛书约 150 厘米长，出自湖南马王堆一座公元前 2 世纪的墓葬中，是至今发现最早的彗星图谱，估计成于公元前 4 世纪。除了彗星的形状之外，长卷上还画有云和大气的光学现象。

法国博物学家布丰（Buffon）认为，围绕太阳运行的行星都是因彗星而产生的。他研究了世界各地的档案资料，证明地球和各大行星在形成时都是流体状态，但这种流体状态不是水，而是火构成的。不过，地球和各个行星为什么不像彗星那样，运行靠近太阳时变成液体呢？布丰对这个现象的解释是，构成行星的物质本来就是太阳的一部分，只是在撞击时被抛出太阳。而撞击太阳

Warhafftige beschreibung / was auff einen jeden sollichen Cometen geschehen sey / die gesehen sind von anfang der Welt her / biß auff disen jetzgesehenen Cometen in dem 56. Jar / auch waß sich an etlichen orten darnach verloffen hat / vnnd in welchem Jar ein jeder gesehen ist worden.

ES ist leider darzů kommen / das niemands weder auff wunderzeichen / noch auff geschichten ettwas haltet / vnd jr niemands war nimpt als ob sy vngeferd oder vmbsunst also geschehen vnd gesehen werden. Nun finden wir in allen geschrifften das all-

Erinnerung vnd Warnung / von dem jetzt scheinenden Cometen so in disem Monat Octobris / deß jetzt lauffenden 80. Jars / erstmals erschienen.

Mittag.

Mitternacht.

DIe erfarung gibts / das auff erscheinung der Cometen allzeit natürlicher oder vnnatürlicher weise etwas erfolget. Dann dern daß wirs am häytern Himel sehen sollen / damit wir nicht mi dem Gottlosen hauffen / das gespött darauß treyben / vnd dem Epict

的是——彗星！彗星和太阳那么接近，除了彗星，自然界还有什么物体能造成这样重的物体做这样长距离的运动呢？必然是因为彗星斜向撞击太阳时，太阳表面的物质被抛了出来。

不过，布丰的看法并非首创。很久以来，一直有人认为彗星是太阳的食粮。

左页这些 16 世纪德国民间版画，描述人们戒慎恐惧地注视着彗星的来临。上图描述彗星的经过立即带来灾祸：邻近城市发生大火。

彗星显示更高层次的秩序？

18 世纪的天文学家朗伯（J. H. Lambert）认为，彗星的出现，表面上是宇宙的失序状态，实际上却展现整个宇宙更高层次的秩序。如果宇宙现在的面貌是由于神早已安排好万事万物，那么这个宇宙就是完美的。宇宙中没有任何事情纯属偶然，彗星的出现也是如此，一切都是巧妙地安排好的，物之所造皆有其目的，方法是为了达成目的，某些事物的目的又是为了达成其他目的。这世界是由阶层、和谐和充实的原则主导的。我们觉得宇宙混乱，是因为知识还不完善，现在的情况要到以后才能看清。

下图也摘自《彗星目睹记》。描述 1665 年 4 月时，彗星在天上运行的轨迹。这颗著名彗星最初出现于 1664 年年底。

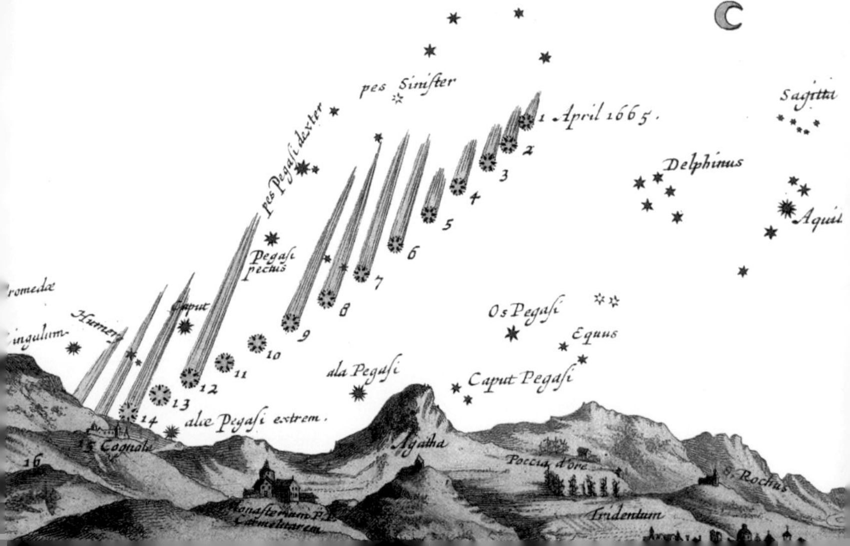

眼界开阔，知识丰富以后，我们会发现，每个天体都在适当的位置上，保持适当的距离。每个天体都沿自己的轨道运行，没有丝毫偏离，仿佛轨道是用直尺和圆规画成的。这时，秩序和对称就由表面上的混乱显现出来。

天体在宇宙中依循着一条条轨道运行。不仅在太阳系中是这样，在所有的系统中都是如此。朗伯认为，每个星球都像我们的星球一样,有动植物生长,有人居住。整个宇宙有无数这样的世界。然而，在我们小小的太阳系中，究竟有些什么？不过是我们所住的地球、太阳，以及不到 10 颗的行星。这些行星围绕太阳运行，

都处于狭窄的黄道带中，挤在一起，真是可怜！好在还有彗星，数目成千上万，轨道各不相同，充满整个宇宙空间。无数的彗星在宇宙中运行，从容不迫，井井有条。有了彗星，宇宙就有秩序，就很充实。

一道火光静静划过无垠的夜空，转瞬即逝

今天，人们对流星的看法和过去大不相同。如果一颗流星静静地划过晴朗的夜空，人们通常会在它消失之前许一个愿。

过去，人们认为，流星和灵魂有关，甚或是灵魂幻化的。流星落下，表示有人将要死亡，或是死人的情况会有变。“要是你看到有星陨落，你可以肯定，你的某位朋友已经去世。因为每个人在天上都有一颗星，他死时，星就陨落。”《妇女福音书》就是这样说的。在欧洲，这本书是流动书贩的“畅销书”之一。在许多地区，人们看到流星，就要祈祷，祈求上天打开大门，迎接死者的灵魂。因为流星可能是惩罚期满而要飞回天上的灵魂。

8 月 12 日夜里出现最著名的流星雨——英仙座流星雨。这场流星雨有这样的名称，是因为它看起来好像来自英仙座。实际上，地球这个时候面对英仙座，再加上星球运动的相对性，就产生了幻觉。由于地球运动的速度比它遇到的彗星残骸要大得多，产生的幻觉也就更为强烈。其他著名的流星群还有：天龙座流星群，出现于 10 月 10 日夜里，看起来像来自天龙座，是 1933 年的一颗彗星造成的；狮子座流星群，11 月 16 日夜里出现；猎户座流星群，看起来像是来自猎户座，可能是哈雷彗星爆裂的碎片造成的。

流星是星星的粪便？

阿根廷北部半游牧的民族皮拉加（Pilagas）印第安人认为，流星是星星的粪便。这种看法显然缺乏诗意。不过，有些人的说法比较浪漫。他们说，流星是急急忙忙赶到天上去和女人幽会的男人。

流星的出现一如彗星，是天空的失序状态，但流星转瞬即逝，不若彗星壮观。不过，有时候，流星却也表现天上的秩序。就像每年 8 月中旬出现的英仙座流星雨一样，流星如雨点般落在地球上。英仙座流星雨是一颗彗星粉碎后的残余，但有人认为它们是受火刑的罗马基督教执事圣洛朗（Saint Laurent le Grillé）的眼泪。以前的人认为，每颗流星都是地狱里受苦的灵魂，会唤起活人的回忆。你可以把愿望告诉这个灵魂。但今天的人们很少跟死人打交道，所以宁愿把心愿留着对自己说。

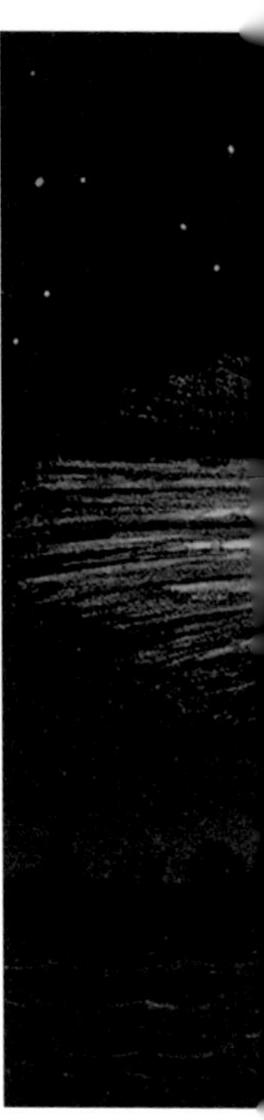

如果天真的掉到我们头上

1908 年 7 月，西伯利亚中部突然响声震耳欲聋：一颗 4 万吨重的巨大火流星落了下来，烧毁整片直径 60 千米的西伯利亚森林。如果我们把太阳系中的流星比作一粒粒细沙，西伯利亚的火流星就像其中巨大的岩石。

幸而这样大的陨星极为罕见。史籍所载最古老的陨石，是公元前 467 年，落在巴尔干半岛东南部色雷斯羊河地区

1870 年，在瑞典发现了一颗含铁的巨大陨石。发现者名叫诺登舍尔德（M. Nordenskiöd）。

（Thrace à Aigos Potamos）那颗。亚里士多德在《气象学》一书中曾略述此事，认为这个现象和彗星有关。因为彗星密集、众多时，那一年就会常常刮风。羊河落下陨石前不久，西方曾有彗星出现。亚里士多德认为，这颗陨石不是直接从天上掉下，而是在落下当天被风刮上天，又落回地上。据说，古希腊自然哲学家阿那克萨哥拉曾预言这颗陨石的陨落。他认为，天体由炽热的石头构成，有时其中的石头会从天上落下。阿那克萨哥拉认为，流星造成的混乱揭示了天的真正性质：天是石头构成的。

当来自宇宙空间的流星进入大气层之后，被摩擦产生的热量烧毁。因此，只有很大的陨星才能落到地球上，小的陨星在落下之前都已烧成灰烬。

在石头的各种形象中，最引人入胜的是联结天和地的形象

宇宙树般竖立的石头、十字架或雅各（Jacob）天梯，都是立在地上，顶上碰到天的形象。地上的石头要向天空伸展，天上的陨石则要落到地上。地上有史前巨石柱，相对应的则是“天上的石头”。

《圣经》故事里，雅各前往哈兰(Harân)路上，决定在某个地方过夜，拾起一块石头枕在头下，就睡着了。他梦见一个梯子立在地上，梯首顶天。雅各就把所枕的石头——他认为那是神的信物——立成柱子，起名“伯特利”(Bethel)，意思是神殿。伯特利也是圣石的名称之一。

伊斯兰教也有自己的神殿——克尔白。在麦加的这座方形建筑里珍藏着著名的陨石——黑石。

黑石被当成圣石，有两个原因：首先，它是石头，代表大地；其次，它来自天上，是真主的信使。借着它，真主告诉人们，他知道天上地下一切事情。克尔白是世界的中央，在这儿，来自天上的黑石在地上戳了个洞，穿过世界的轴心，“天的中央”则在它的顶上。

雅各“梦见一个梯子立在地上，梯子的头顶着天，有神的使者在梯子上，上去下来。耶和华站在梯子之上说，我是耶和华，你祖亚伯拉罕的神，也是以撒的神。我要将你现在所躺卧之地赐给你，和你的后裔”。

——《旧约·创世记》第 28 章第 12、13 节

左页图中雅各所枕的石头，和天上的云朵十分相似。

每个伊斯兰教徒一生中都必须去克尔白（本页左图）所在的麦加朝圣一次。

“雨石”、“电石”和“雷石”，也是天上掉下来的？

比利时瓦隆语区（Wallonie）的人说，雷雨是天上巨大的石球滚动所造成的。当球碰撞时产生闪电，球也炸成碎片。因此，雷雨后的第二天，可以在田里找到雷石。

实际上，大多数石头被当成雷石是因为形状像云或闪电。所以，很多箭头，因为形状像闪电，也被当成雷石，用来护身以避雷击。

在苏门答腊，求雷的仪式由黑猫主持。因此，一块形状像猫的黑石被当成雨石供奉。

有民间传说认为，星星就是石头，石头有时会掉落。有时是一块一块地掉下来，有时则像雨点一般落下。

右页下图这个青铜宙斯像的姿势像在掷标枪，准备抛出手里的雷石。

闪电和打雷都是神在发怒

闪电和打雷是神祇发怒，天上才突然亮起火炬。在罗马名将格马尼库斯·恺撒（Germanicus César）举办的角力比赛中，就有民众看到这样的火炬穿过中午的天空。空中也会突然出现梁柱。公元前 394 年，古希腊城市尼多斯（Cnide）的天空中，就曾突然出现一根发亮的梁。当时，雅典海军惨败，斯巴达因而称霸希腊。此外，天上也会开门，从门缝中会向地面喷出燃烧的烈焰。公元前 349 年就曾发生过这种情况。当时，马其顿的腓力二世（Philippe II de Macédoine）成为霸主，震惊希腊。《圣经》上说，世界末日时也会击雷闪电，那时，星星都会掉进天的裂缝。在世界末日的第一次战斗中，天上又一次开门，军队、天使和火从天而降，摧毁大地。那就是目前这个世界的末日。古墨西哥的阿兹特克人相信，他们的第三个世界就是这样结束的。他们的神话中说，这个世界曾处于雨神特拉洛克（Tlaloc）的保护之下。但特拉洛克也是火神，火神从天而降，摧毁大地，闪电和雷击宣告他的来临。

这个穿孔的卵石被当作护身符。戴在身上，据说可以避开雷击。这块雷石是在法国布列塔尼地区发现的，也许是海边的卵石。

人们的心愿实现后，就把还愿画、还愿牌或还愿物挂在教堂的墙上。图上的圣母获得感谢，因为她使房屋、牲畜和庄稼收成免遭雷击。在这幅还愿画中，还可以看到法国诺曼底地区的一种信仰。当地的人认为，如果有人敢在闪电时看着天空，就会看到圣母玛利亚站在天堂的角落。

能把云当马骑的人

有时，神祇或魔鬼用雷击发泄的怒气，只是为了恢复秩序，所以人们能借一些方法消除或转移神祇的怒气。整个欧洲，特别是意大利的南部地区，就有教士和僧侣宣称他们曾经拥有这种能力，只是不久以前丧失了。这些雷雨的指挥者以前曾告诉农民，他们可以把云当马骑，也能让田地上空的乌云降下甘霖。在其他地方，控制自然现象的能力同样受重视。中国人相信，行为不端可能招致雷劈。国家遭逢天灾，显示当政者德行有亏。而能够呼风唤雨，使人民免于旱涝之苦的人，则是国运昌隆的保证。

圣多纳图斯（Saint Donat）是著名的圣徒之一，负责保护人们免遭雷、电和冰雹袭击。在《圣徒传》（*la Legende dorée*）中，意大利多明我会修士雅各布·达·瓦拉泽（Jacques de Voragine，即 Iacopo da Varazze）说，异教徒指责圣多纳图斯造成了持续3年的旱灾。他就祈祷，求得甘霖。圣多纳图斯的其他传说和圣物的运送及接受圣物时举行的弥撒有关。有一次，圣物受到雷电袭击，但主祭者祈求了这位圣徒，而得以保全性命。

法国东部城镇埃皮纳勒（Epinal）的这类画上都有祈祷文："啊，仁慈的上帝，您有力的手中掌握所有自然的力量，您是宇宙的主宰……我祈求您别让这些可怕的力量出现，求您把我们头顶上雷雨的可怕火光移开……"

当天空燃烧，日轮缩小，月和雨一起坠落

由穹顶到天的底端，天空都曾出现异象。异象既是罕见的现象，所预示的事件也异乎寻常。史籍所载对异象最美妙的叙述，当数古罗马历史学家提图斯·李维（Tite Live）所撰。当时，迦太基（Carthage）最伟大的军事统帅、

罗马共和国最危险的敌人汉尼拔（Hannibal）正准备离开冬季的营地，再次出征。罗马人十分恐慌，因为在罗马正酝酿着政治危机。

“各处盛传异象，人们也更加恐慌。西西里岛有士兵看到自己的标枪起火。日轮缩小了。在普勒尼斯特（Praeneste），灼热的石头从天上落下。阿尔比（Arpi）的人们看到武器悬挂在空中，太阳和月亮相撞。在卡佩纳（Capène），两个月亮同时在白天出现。塞雷城（Caeré）的水里有血，连赫丘利（Hercule）泉也染上鲜血……在卡普阿（Capoue），天空燃烧，月亮和雨一起落下。在此同时还有些次要的异象：山羊长出绵羊的毛；母鸡变成公鸡，公鸡却变成母鸡。”

不过，提图斯·李维在此之前已先对异象的产生做了这样的说明：“那年冬天，罗马及附近的地区出现了许多异象，更确实的说法可能是，人们心有迷思时，总是会看见异象，而别人也很容易就相信他们的说法……”

本页和右页图是俄国民间版画（loubok）。从17世纪到19世纪，这些版画一页页地在市场上出售，或是由流动商贩兜售。它们是由业余艺术家雕刻、上色，制作给平民百姓的。

本页民间版画所述晴天落大雷雨的异象，于1743年出现于西班牙。

这幅民间版画描绘的是1736年在斯兰克市（Slank）上空出现的异象。

《圣经》中，族长以诺(Hénoch)到过天的尽头。他回来时把见闻告诉了自己的子女。天使一直陪同以诺直到七重天上。以诺不仅了解了永恒天空的秘密，也获悉形成云、风和雨的大气层的秘密。他看到天体的一切运动，数清了繁星的数目，清点了太阳的光线，明了太阳每天每月多少次升起落下，以及太阳的所有运动。

第五章
天上的奇幻剧场

1562年，当老勃鲁盖尔（Bruegel）在画《背叛天使》（左页图）时，他不只想表现创世之初天上的混乱，还想谴责当时人们的愚昧。

以诺看到了云的住处，看到了云的嘴和翅膀、雨和水滴。他能叙说雷鸣和闪电的美妙形象。他看到雪的仓库，看到存放冰和冷空气的容器，并且看到管理员如何把它们放进云里，却从来不会把仓库里的东西全部拿光。他到过关着风的牢房，知道看守者先把风放在天平上测量重量，然后放入容器,再从容器中把风放送到整个大地上。这样，放出的风就不致过于猛烈，震撼大地。

天的边际不是发亮的星星，也不是飘动的云彩。天碰触树的顶端，也碰触我们足边的小草

天不只是指天体的运行轨道上一成不变的高空，也包括大气层的各个部分。在整个天上，有各种来自高空的气息，也有地上的气味。但由于天体引力的作用，地上的物质无法上天。天上却产生许多邪恶的力量，危害地球和人类。天空一直存在失序的危险，因为大自然和自己的斗争一直持续不断。天的威力直接从天空的变化显现出来。风在我们头顶的上空相互争斗，然后刮到地上，带走水、沙和石头。云向上升起，落下时变成雨、雪或冰雹。在别的地方，灼热的阳光却直射河流、湖泊和沼泽。古人认为地球不动，天空却每天转动，带走上层的大气，产生混乱。

地上的秩序比天上的秩序脆弱

人类一直注意天的变化，因为天和人类的生存和生活关系密切。人们也想象天上有许多神祇。神祇对人类表示愤怒时，往往打乱四季的时序，使庄稼无法正常生长，造成饥荒。

这两幅细密画是《农事诗》的插画。《农事诗》歌颂人类的辛劳和磨难。人们有时弯腰扶犁，有时遭到可怕的自然灾害的打击。这部诗的作者是罗马最伟大的作者维吉尔（Virgile），写于公元前36年至前29年间，分为4册：小麦和四季农事、葡萄园和橄榄树、畜牧，以及养蜂。第一册讲种植谷物，祈求神祇保护农作物，描写朴实农民虔诚的宗教感情。维吉尔给农民出主意，教他们种田和丰产的最好方法。他告诉农民，天高高在上调节天体运动，天体则影响谷物的播种、生长和收获。这部分的内容并不连贯，就像历书一样。其结尾部分则是十分出色的实用气象学。上图表现耕作的情况，下图表现自然灾害对农民的打击。

荷马把风分成4种，分别和东南西北四基点相对应。他之后的哲学家觉得这种分类法过于简略，又加上8种风。但老普林尼却认为这种分法过于烦琐。他认为，风绝对不是造成混乱的力量。风只有8种，众所周知，鲜有例外：由日出之地吹来的风，春分、秋分时叫subsolanus（东风），冬至时叫vulturnus（西南风）；南方吹来的风叫auster（南风）；日落之地吹来的风，冬至时叫africus（非洲风），春分、秋分时叫favonius（西风），夏至时叫corus（西北风），即希腊的zéphyr（和风）；北方吹来的两种带雪的风是septentrion（北风）和aquilon（东北风）。

公元前390年左右，罗马人才挨过冰天雪地的漫长寒冬，又遇到酷热的盛夏。负责祭神仪式的两位执政官查阅了经文中的神谕后，做出决定。为了让阿波罗、墨丘利（Mercure）、狄安娜和赫拉克勒斯息怒，要在一星期内为他们搭好三张床：“城中所有私宅的门都要大开，人们所有的财物都要拿出来让大家分享。”（提图斯·李维《罗马史》）

混乱和变化是生命的气息

气候极其恶劣时，当然得让神祇息怒。但是，秩序和混乱两种力量的斗争，却使生命充满活力。要是斗争停止，生命也将停止。

犹太人早先留下了一些经籍，经后世犹太教和基督教学者鉴别，认为不属于《圣经》正典，因而被排除在今日流传的《圣经》之外，称作“外典”（apocrypha，或译“经外书”）。其中有一本经外书，曾这样描写世界末日：在这一天，将“没有日头、月亮和星星，没有云彩，也没有打雷和闪电；没有风，也没有水和空气；没有黑暗，也没有晚上和早晨；没有夏天，也没有春天和炎热；没有冬天，也没有冰冻和寒冷；没有冰雹，也没有降雨和露水；没有中午，也没有夜晚和黎明”［《以斯德拉记》（*Esdras*）第 4 章第 7 节］。天空完全没有混乱之日，也将是死亡之日。

亚述人认为，帕祖祖（Pazuzu）是南方吹来的灼热的风的化身，带来了雷雨和热病。

好奇心带来混乱与生机

最常见的混乱是风。许多美丽的传说都和风有关，特别是风的起源的传说。法国布列塔尼地区的人，知道海上的强风是怎么来的。据说，从前海洋风平浪静。后来有位船长独自来到风的国度，并把风装在袋里带上船，但他没有告诉水手袋里装的是什么，只是严格规定他们不准打开这些口袋。一天夜里，水手好奇地打开了一个口袋，西南风絮鲁阿斯（Surouâs）立刻逃了出来，掀起飓风，把船撞得粉碎。接着，7 种风逃出松开口的口袋，开始在海面上吹来吹去。这个故事和希腊的传说遥相呼应。

厄俄斯与他装风的口袋

左图是用来贴在罗经或罗盘标度盘上的方位标，上面分成32个部分，标有各个方位基点及中间点。

希腊传说中，风神厄俄斯（Éole）把各种风装在一个牛皮袋内，送给奥德修斯（Ulysse）。有趣的是，厄俄斯在袋里什么风都装了，就除了能把奥德修斯送回伊萨基岛（Ithaque）的风。奥德修斯的水手也打开了口袋，逃逸的风在海上掀起风暴，把船又吹回厄俄斯居住的埃俄利亚岛（Éolia）。

风被鲜活地拟人化后，既受崇拜，也遭辱骂

风往往被拟人化，变成了人，和人一样也具有种种的缺点。人们说，风也会嫉妒，也会胆怯，有时也很古怪。塞比约在《法国民俗学》一书中曾说，他在1880年看到的一些景象，说明当时的人们仍然相信万物都有灵。

加拿大纽芬兰的船因为起风误了入港的日期，男人就朝起风的方向吐口水，对风辱骂，拿刀威吓风，说要剖开它的肚子。小孩也有样学样，摆同样的姿势，对风口出恶言。

玻瑞阿斯(Borée)是北风神，住在色雷斯（Thrace）地区。希腊人认为，这个地区是苦寒之地。他往往被描绘成有翅的魔鬼，力大无穷。他须发浓密，常穿一条短裙。他和提坦是同一类的巨神，是制造混乱的力量。人们说他劫走了雅典王厄瑞克透斯(Érechthée)的女儿俄瑞提伊(Orithye)，把她带到色雷斯，和她生了两个孩子。他让雅典英雄厄里克托尼俄斯(Érichthonios)的良种牝马生了12只马驹，同鹰身女妖哈耳皮埃（Harpye）生了许多匹快马，所以玻瑞阿斯也是多产的风。从17世纪起，在炼金术书册的画中，除了他原来的形象，又在他的肚子里多画了个婴儿。

法国勒克鲁瓦西克（Le Croisic）的妇女并不对风恶言相向，而是好言哄骗，让风帮她们的忙：起

风暴的日子，水手的妻子就去圣古斯唐教堂（chapelle Saint-Goustan）祈求上天保佑她们的丈夫。祈祷完毕，她们打扫祭台下的地面，把灰尘收集起来，撒在海岸的空中，让风把她们心爱的丈夫安全送回港口。

风也象征神灵的气息。《圣经》和《古兰经》都把风说成神的信使。在创世之前，神的气息在水面上漂动，被称为风。

风的力量仍然像巨神提坦一样大

风往往被比作巨神，一方面固然因为风力强大，但主要还是因为风和巨神都是制造混乱的力量。公元前 8 世纪时，希腊诗人赫西奥德（Hésiode）在他的史诗作品中提到：天神和地神的子女提坦起来反对神祇。经过一场大战，巨神落败后，世界才恢复了秩序。以诺从天上回来之后，也是把智慧和星相提并论，而认为暴力和风是同类。

北欧各民族的神话中有很多巨神。神话中说，魔鬼领地东面的铁森林里，住着狼形的巨神；领地北面则是死人的王国，住着霜的巨神和食死尸的鹰，鹰不时扑翅，刮起各样的风。

云彩在我们头上飘着

云在神话和传说中所占的地位并不重要。在童话和谚语中，云最多被赋予一些美丽的名称，这些名称往往是因云的形状或颜色而来的。

在法国西部森岛（île de Sein）的上空，有时可看到一朵巨大的白云，纹丝不动，比其他所有的云都要高，被称为“老约翰（Jean le Vieux）的花束”。高空中巨大的积雨云往往被比作树木：圣巴拿巴（Saint-Barnabé）树、亚伯拉罕（Abraham）树或马加比家族（Maccabées）的梨树。

神在云上叫唤……

在《圣经》的故事中，云确实罕见，但树木却非常多，有知识树、生命树，还有亚伯拉罕的橡树。因为树是天和地的中介。

然而，《圣经》中说，耶和华是在云柱的顶上叫唤摩西及他领导的人民的。摩西来到神所在的山上，神的荣光就留在西奈山上，一朵云遮盖此山六天之久。第七天，神在云中叫唤摩西。然后，摩西下山，回到百姓中。那云柱随他而来，每天晚上停在营地出口处摩西帐篷的外面。百姓看到神圣帐篷的入口处有不动的云柱，都站起来，然后在自己帐篷的入口处跪拜。不过，令人印象最深刻的，还是以诺在天上看到的云："我看到那些容器散发出各种各样的风，一个装冰雹和风，一个装雾和云。容器里出来的云，从创世时起就飘动在大地上空。"

婆尤（Vayu）意思是风。印度人认为，它是宇宙的气息，是圣言，主宰天地之间的这个世界。在古波斯，风支撑及调节世界。"首先创造出来的是一滴水。然后，从水产出所有的东西，除了人和动物的精子，因为精子是从火中产生出来的。最后出现的是风，他的形状是一个 15 岁的男孩。风支持着水、植物、家畜、人和所有的东西。"

天羊或云钩：多贡人降雨的工具

善战的多贡人（Dogons），在西非岩石丛簇的高原地区务农。他们靠云中降下的雨生存。因此，多贡人关于创世和世界发展的传说中，到处都有云的形象。

马塞尔·格里奥勒（Marcel Griaule）在《水神》（*Dieu d'eau*）中，曾描写多贡图腾崇拜的圣殿。圣殿有 3 米见方，两侧是两座略呈圆锥形的塔，塔上有蕈帽顶，帽顶间有铁钩成双，钩尖内弯。圣殿象征天羊带角的额头，角有沟纹，以便钩住雨云。这两只角宛如双手，可以抓住雨水，保护丰收。

这头会吸云的天羊是头金羊。雨季中每阵雷雨之前，就能看到它在云间游荡。天羊也是世界的排泄系统，它撒的尿

多贡人的云钩不仅是天羊，也是铁匠祖师的铁砧。因为有云钩之所，也是打铁之处，是祖先开始打铁的第一块田。

就是雨和雾。但是，它撒尿时不是站着不动，而是在云中奔跑。它脚上掉下泥土，留下四色的足迹，就是虹。天羊走过虹，从天上下到地上的大水塘。它钻进睡莲丛，叫道："水是我的，水是我的。"因此，天羊是最早的云，它撒的尿是雨。就像风带来云，云积成雨、雪和冰雹。

希腊神话中，昴星团普勒阿得斯（Pléiades）是巨人阿特拉斯（Atlas）和仙女普勒俄涅（Pléioné）的7个女儿，她们的名字是：塔宇革忒、厄勒克特拉、阿尔库俄涅、斯忒洛珀、刻莱诺、迈亚和墨洛珀。除了墨洛珀外，普勒阿得斯家族的人都和神祇在一起。因为墨洛珀嫁给暴君西西弗斯，并以此为耻。因此，她这颗星在7颗星中最为暗淡。她们变为星是因为猎人俄里翁。这个可怕的猎人爱上了这七姐妹，追逐了她们5年。宙斯看到她们可怜，先把她们变成鸽子，然后变成星星。

昴星团是由7颗各不相同的星聚在一起构成的小星团。几乎在所有热带地区的神话和传说中，昴星团都和降雨周期有关

热带和赤道周围的地区，降雨都很丰沛。有些地区四季都是雨季，只是雨量时多时少；有些地区则有雨季和旱季之分。

圭亚那的印第安人说，从前有七兄弟贪吃成性，他们的母亲受不了了，不再给他们东西吃，他们就决定变成星星。这7个贪吃的兄弟变成的7颗星就是昴星团，掌管降雨。

在圭亚那，当雨量逐渐减少，人们就开始密切地注意昴星团的变化。当昴星团消失在西方的地平线下时，雨季就结束了，一年中最大的节日来临。昴星团在5月份消失以后，6月时又重新出现，于是河水上涨，鸟换羽毛，植物重新开始生长。

相反地，在法属圭亚那，当昴星团重新出现时，土著便兴高采烈地庆贺，因为旱季开始了；而昴星团的消失则说明雨季已近，不能再出海。

昴星团出现和消失的时间，正好与旱季和雨季开始的时间相同，因此圭亚那人以为这个星团主管降雨的周期。这种巧合被看作因果的联系，"同时出现"成了"出现的原因"。

有关水的象征纷繁复杂，又相互矛盾

水有两种，甚至四种：天上的水和地上的水，生命之水和死亡之水。要是泉水旁边躲着仙女，就是生命之水；而水塘和死水之中，则住着魔鬼。

水是生命之源，净化的手段，再生的关键。仙女往往是静止的水中的精灵，喜欢在井边活动。她们也喜欢让青年男女在井边相遇、相爱。

水可能真的会是青春之泉。古希腊历史学家希罗多德说，密使问埃塞俄比亚的国王，他的臣民能活到几岁。国王答说：120 岁以上。密使大感惊讶。国王就把他们带到一眼泉水旁，泉水发出香堇菜香，能使皮肤滑腻，重量很轻，任何东西，连木头和比木头轻的东西都不能漂在上面，而是沉到水底。埃塞俄比亚人喝了这种水，就特别长寿。

死亡之水则与此相反。罗马历史学家塔西佗（Tacitus）在《日耳曼尼亚志》（*Germania*）一书中谈到死亡之水。书中描写北方民族崇拜大地之母的情形："海洋中有个岛屿，岛上有座神圣的森林，森林里有辆用帷幔遮住的神圣战车，只有祭司有权接近。祭司知道女神在这辆车里，就毕恭毕敬地跟着这辆牝犊拉的车……然后，战车、帷幔和女神都进入了偏僻的湖中，奴隶上前服侍，却立刻被湖水吞没。"

不少文献曾描写丹麦、挪威和瑞典的神圣泥沼。古时候在冰岛，人们把人绞死后，扔到祭献沼泽里作为献祭。鞑靼人把私生子扔到圣池边的淤泥里。而不久前，英格兰的康维尔郡（Cornouailles）的人还相信，把生病的孩子浸到圣马德隆井（puits de Saint Mandron）里三次，出来时病就会好。

水象征意义的多元繁复，也见诸传说中雨水具有的种种效能

多贡人知道，所有的水都不干净。多贡传说中的第七个祖先既吐出宝石，又吐水冲走污秽。脏水流到地上，变

成水塘和河流。于是，天羊撒尿，变成雨来净化污水。

如泉水一般，雨水也具有疗效。“雨水具疗效，能治愈所有疾病。”古印度经典《阿闼婆吠陀》（*Atharva Veda*）就是这样说的。

我的情人就像水：她的微笑明澈，手势流畅，声音纯洁而又悦耳，犹如水珠滴滴落下。
——维克托·塞加兰（Victor Segalen）

在法国菲尼斯泰尔省（Finistère），每逢暴雨，风湿病患者就脱去衣服，俯卧在地，让大雨浇灌自己赤裸的背部，直到雨停。而落到圣洛朗市（Saint-Laurent）的雨滴则是治疗烫伤的良药。

人们相信，雨水和地下水一样，能使女人怀孕。太平洋岛屿美拉尼西亚（Mélanésie）的一个传说中说，有个姑娘淋了雨，就失去了贞节。另一个相近的传说则说，一个姑娘被钟乳石上的水珠滴到，就变成了女人。

在法国西北部城镇迪南（Dinan），如果结婚那天下雨，新娘就会幸福，因为她本该掉的泪，都在那日由天上落了下来。但在法国西部的普瓦图地区（Poitou），婚礼当日下雨却表示新娘会挨打，她流的泪将会和那天下的雨一样多。在马赛，结婚那天下雨保证这对夫妇家境富裕；在维瓦赖（Vivarais），则表示他们家里会缺钱用。更有趣的是，在普瓦图地区，如果结婚那天下雨，新娘以后会先死；如果太阳当空，则是丈夫先进坟墓。

特拉洛克是阿兹特克人的雨神，能使植物发芽。他有小神当助手，帮忙散布雨水。他生活的地方是一个花园，而花园象征植物的丰饶。

生命之水可以治病，可以使人返老还童，甚至永远不死；死亡之水则与此相反，显示水形象阴暗的一面。古希腊哲学家赫拉克利特（Héraclite）说：“灵魂死亡，

就变成水。”在希腊，人们认为，死人会在春雨前夕感到口渴。在某些仪式中，人们把裂缝中漏出来的水浇在死人身上。此外，几乎到处都有在葬礼中使用水的习俗。

塞纳河河水上涨缓慢，但持续时间很长。由于它的河床会吸足水，然后又把水释放出来，所以河水退去之前会造成大水灾。1910年的大水所造成的损害，人们直到今天还记忆犹新。上图的这幅油画没有具名，是根据《小日报》(*Petit Journal*)上的一幅插图画出来的。

洪水是上天的惩罚，洪水故事是水所有象征的结晶

在太平洋周围地区的诸多传说中，暴雨出现是因为宗教仪式有误。因此，责任在于部落本身。

越南的高原上自称“吃光森林”、以清理采伐林地为业的半游牧民族认为，乱伦就会引起暴雨，是某些人的不当行为导致天降大水，惩罚所有的人。

《圣经》里，挪亚经历的那场洪水，则是大家的错，全人

类都有责任。因人在地上作恶多端，耶和华要惩罚人。于是，大渊的泉源都裂开，天上的窗户也敞开，地下的水和天上的水一起摧毁罪恶，净化大地。水淹没了大地，一切都变成水中的湿泥，因为在水中，一切东西都会分解。

雨下了 40 个日夜，越漫越高。在地上，有气息的生灵都死了。所有的人都死了，只剩挪亚。他是新的亚当，人类新的祖先，因为他博得了耶和华的好感。后来，水退了，挪亚放出一只鸽子。鸽子回来时，嘴里衔着一片新摘下来的橄榄叶子，说明地上的水都退了，新生命开始萌动。水能摧毁一切，使一切分解；但水也使植物发芽，释放出所有潜在的力量。

水摧毁一切，却也净化一切，让万物重获新生。挪亚和他的儿子走出方舟时，耶和华对他们说："你们要生养众多，遍满了大地。"他心里还说："我不再因人的缘故咒诅地……地还存留的时候，四季与昼夜，就永不停息了。"（《旧约 · 创世记》）

你和你的全家都要进入方舟，因为在这世代中，我见你在我面前是义人。凡洁净的畜类，你要带七公七母；不洁净的畜类，你要带一公一母……可以留种，活在全地上。……四十昼夜的大雨倾盆而下落在地上。

——《旧约 · 创世记》

自混乱中诞生的新秩序：
虹是神、人新约的记号

一种秩序破坏之后，神、诸神或自然力就产生大的混乱，消灭所有自然、人类和历史。然后，新的秩序又从这种巨大的混乱中产生。雨后的虹就是这新秩序的标记。神把虹放在挪亚方舟的上空，作为和犹太民族订立新约的记号。

在许多地方，虹都具有正面的含义，是神之虹或圣人之虹。在法国，虹的圣人往往是圣马丁（Saint Martin）或圣米歇尔（Saint Michel）。

庶民的信仰

还愿画、还愿物和还愿牌是种种奇迹的证明，老百姓感激之情的表现。还愿的东西种类繁多：纪念品、圣殿门口卖的工艺品，还有粗糙的雕刻、油画、线描画、镶嵌画等描写奇迹内容的还愿画。所有这些还愿的东西上都有还愿者的签名。其中数量最多的是还愿画，画在木板、画布、硬纸板、纸张等各种材料上。最古老的还愿画是用胶彩颜料画在粗糙的木板上的。这些画描写种种人间悲剧：事故、疾病、自然灾害……在以前的社会中，大雨所造成的影响特别深重。这幅还愿画描绘的是河水上涨带来的苦恼和损失。

还愿画可以驱邪

大部分还愿画是幸免于雷击、风暴或水灾的人送给教堂的，显示自然界的异象使人惧怕。人们如此害怕因天灾造成的意外死亡，对使他们幸免于难的神灵倍加颂扬，真正的原因是，在宗教信仰（即使其中包含着愚昧无知的迷信）还十分流行的农村，人们认为，没来得及领受临终圣事就死去，是最可怕的悲剧。在这幅图上，几个海员在普罗旺斯海边的木屋里躲避雷雨，雷打在屋顶上，使屋顶起火。

圣母玛利亚，请为我们祈祷

法国的普罗旺斯和布列塔尼是沿海地区。在这些地方，有很多还愿画描绘的是海上的悲剧。沿海的小渔船遇到危险的机会固然不少，远洋渔船和大船也会遇难。在风暴中幸免于难的渔民往往认为，仁慈的圣母玛利亚是挽救他们的神祇。还愿画往往着重海难原因的描绘。如果还愿画是渔民自己画的，往往会以帆布和船上的油漆作材料。渔民的还愿画描绘他们在海上的冒险生涯、这种职业的苦处和海上的风暴。在风暴之中，最坚强的渔民也只能向上天祈祷，仰赖神明的意旨。

虽然《圣经》中的虹具有正面的意义，别的地方的虹却往往很不吉利

在中世纪，西方和东方都有许多《异象录》，这些书中当然也记录了虹的现象。

虹也是魔鬼之虹或狼的尾巴。在凯尔特语区，近看过虹的人说，虹有蛇样的巨大脑袋，眼睛闪动火焰般的光芒。当它以这种样子降临大地时，会喝光湖泊所有的水，因为它太渴了。

早在荷马的史诗中就已经描述过虹的阴暗形象。《伊里亚特》（*Iliade*）中，帕特罗克洛斯（Patrocle）被杀之前，宙斯派雅典娜（Athéna）重新挑起争端，并在云上放一条虹，让大家都看得到，就像宣布战争爆发或飓风来临时那样。不久，宙斯使特洛伊人获胜，并发出闪电和雷声让亚哥斯人胆战心惊。

《圣经》里的虹象征新的秩序和结盟，荷马史诗里的虹却表示新的混乱和决裂。

虹是雨的化身

把南美印第安传说和《圣经》故事做对比，也能发现虹象征意义的矛盾。在《旧约·创世记》中，虹的出现表示洪水结束；而印第安传说中的虹所肯定的却不是结盟而是决裂，说明降雨结束，由雨连接起来的天地分离。虹是雨的化身，虹的两头各放在产生雨的两条鳗嘴里。人们看到虹时，表示雨已停止；虹消失时，表示两条鳗到了天上，躲在水塘里。当两条鳗回到地上的水里时，就要下大雨。

巨蛇的鳞片——虹带来疾病

在澳大利亚，虹同蛇相联系，而且会引起疾病。由欧洲人传入的天花在当地就称为“巨蛇的鳞片”。虹这条巨蛇，是早期的图腾崇拜之一，具有双重的象征意义：它既是善又是恶，既能创造又能破坏。

左图中，虹上下的两行阿拉伯文说明了形成虹的条件，也指出虹的颜色因大气层的情况而变化。

左下图中，朱庇特上面那两个小图，代表黄道十二宫中由他主管的两个宫：表示正义的人马座和表示博爱的双鱼座。他战车的动力是两只鹰。朱庇特就是从战车上发出雷电。人们在祈祷呼唤朱庇特时，用“引出者”这个词来形容朱庇特的能力。因为他把雷电从天上引出，使它落到地上。不过，雷电从天上落到地上，天和地的联系并没有被切断，虹就是这种联系的象征和保证。

它参与世界的创造，有时它只创造大的河流，有时却也被看作始初女神。虹的威力惊人，所以男人最好避开它。女人怀孕时，不能弄脏虹饮水的水潭。小伙子在举行成年礼的仪式时，不要到河边喝水，以免被虹劫走。

澳大利亚原住民的神话中，虹也被看作连接天地的道路

澳大利亚原住民认为神住在天上，坐镇水晶宝座。英雄要去见神，就得从虹爬上天。巫医学巫术时，会见到死

者和死后复生者。

在学习过程中，登虹上天是一个重要的时刻。老师变成骨头架子，把学生变成婴儿那么大，放在小口袋里挂在脖子上，然后骑在虹上，像爬绳那样往上爬。老师把学生带到虹的顶上，然后扔到天上。老师在学生的身体里放进一些淡水小蛇和石英晶体后，就从虹上爬下来，把学生带回地上。

在澳大利亚，虹蛇有着重要的地位，它表示创世者是雌雄同体。虹蛇是最早的图腾之一，但由于它在自然和人类再生繁殖中扮演的角色，成为早期图腾中最重要的。它既是善的力量，又是恶的力量。但降雨者和巫医借着摆弄石英晶体和贝壳，以及其他能产生作恶行善威力的物品，可以影响虹蛇的能力。

想变成男生？向虹挥动你的帽子

欧洲传说中，虹有许多形象和能力。许多水手认为，如果船在抽水时从虹一端的底下通过，就会被虹吸走。文艺复兴时期的童话和喜剧中经常说，走过虹桥下，性别就会改变。

不过，想变性还得更辛苦点，尤其是女孩子，要想变成男生，就得朝虹挥动自己的帽子。

虹也十分凶悍。在各地的民俗传说中，对虹指指点点都很危险。最严重时，手指会被割掉；最好的情形下，手指上也会生坏疽。

然而，“彩虹尽处有黄金”。就像这句话里说的，虹往往会给人带来财富——黄金、白银或珍珠。不过，要得到这些东西，得把篮子放在架虹的柱子下。

光的奇观

日光或月光通过充满水滴或小粒冰晶体的空气时，会发生折射或反射，产生视觉上的奇观，如晕、虹和通常被称为日

澳大利亚北部的阿纳姆地（terre d'Arnhem）有很多这种画在树皮上的虹蛇画。这个地区是由被称为阿纳姆的荷兰航海家在 1623 年发现的。这个地方有条叫作尤伦古尔（Yulungurr）的蛇，住在叫作米里米纳（Mirrimina）的圣井里。尤伦古尔是神话中沃利瓦格（Waliwag）姐妹故事的主角之一。沃利瓦格姐妹主管繁殖，周游国境，替动物和植物命名。妹妹即将生产，停在环礁湖畔。孩子出生后，姐姐想做一个摇篮，不小心把环礁湖给弄脏了。蛇一生气，就掀起暴风雨，来吓唬姐妹俩。姐妹俩想让蛇息怒，就开始跳舞，并用动物的名字唱歌。但蛇更加愤怒，把姐妹俩卷入更大的暴风雨中。

狗的幻日（parhélies）。

澳大利亚的原住民知道月晕是怎样来的：月亮巴卢（Baloula-lune）来到地上之后，白鹮穆尔古（ibis Mouregou）对它很吝啬。月亮为了御寒，只好用发亮的树皮造一座圆形小屋。月亮才闭上眼睛，就开始下雨，把穆尔古的小屋给淹没了。从此之后，当人们看到月亮在发亮的小圆屋里出现，就知道第二天要下雨了。

在1557年发表的《异象录》中，康拉德·利科斯坦收录了公元前2307年到公元1556年之间出现的天文和气象异象。图中为1168年观察的“幻月”现象。

太阳也有晕或冕。有人甚至看到太阳周围有穗或彩色的圆圈。恺撒·奥古斯都（César Auguste）丧父后进入罗马时，就有这种异象。数日同天的异象，其实也是一种日晕或日冕的现象。有人把同时出现的三个太阳看作平时的太阳和两条陪伴它的狗。有时，从清晨直到晚上，日狗一直跟着太阳。从极地回来的探险家，也说他们看到过六日同天的异象。

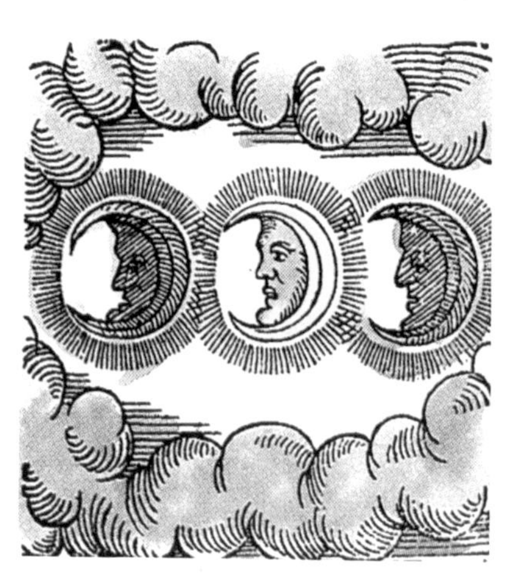

极光像帷幔般挂在天上

夜空呈紫红色，黑暗中出现一把把火炬和一盏盏灯，夜里的太阳把黑夜照得像白昼一样亮……这就是极光现象。

最常出现的极光是淡绿或白色的帷幕状。由于极光和电磁现象有关，所以多半围绕着地球的两个磁极（南极和北极）出现。也就因此，在南北两极以外的地区，极光非常罕见。在两极以外的地区出现的极光就会被当成异象。法国博斯和科西嘉的农民说，1870年普法战争之前，就有人曾看到过极光。有些去过高纬度地区捕鱼的渔民说，极光是红色的小苍蝇组成的。

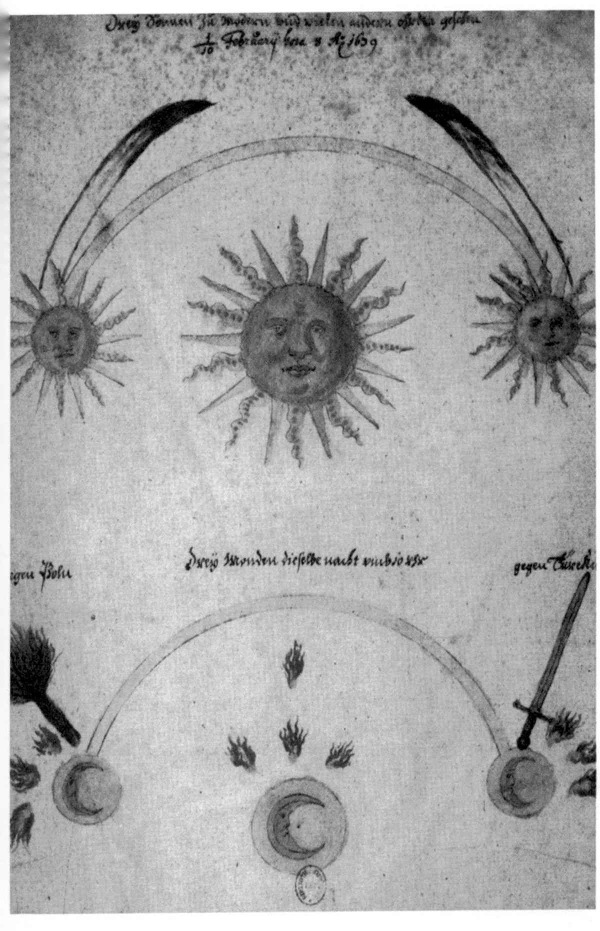

幻日和康拉德·利科斯坦所说的“幻月”都是光学现象，是光线折射并穿过高层大气中浮动的小粒冰晶所造成的。幻日或幻月总是和虹一起出现，景象壮观。此画成于17世纪，作者记录了他在天上看到的火炬、火花和剑。

何处寻觅最后的神话之境？

由创世之初起，满天繁星似乎透过无垠宇宙对人们缓缓细诉，人们沉迷其中，试图借着星语了解天空的秘密。但茫茫浩浩、亘古悠远的天空却善自隐藏，守口如瓶。天空传达给人们的信息不但少得可怜，还都编成密码，晦涩难解。人们就这仅得的信息穷究钻研，漫天想象，自以为在其中看到了种种形象，又牵强附会地营造解释，虚构传奇。由树顶到天穹，天空的每一部分都布满神话和传说，无数神祇仙子活灵活现地往来其中，而凡人若有奇遇也得以上天，一窥究竟。人们在天上寻找世间的一切见闻所思，觉得在天上看到了种种征象，并自以为了解了其中的含义。

除了神话和传说之外，民间知识也利用错误的、不合理的或反常的因果关系，简单的类比和隐喻式的推理，充分发展。不过，我们不得不承认，今天的科学从这些知识中获益甚少。自伽利略以来，人们发现，要破译大自然这本天书，数学即非唯一，也是极为重要的一种沟通符码。精密的数字演算和随之发展出来的种种工具、仪器，因而成为人类观天的主要

极光可能持续几分钟，也可能持续一整夜。极光由带电的日光粒子组成，被地球的磁场固定在高层大气中。那些日光粒子就像一根根有正负两极的磁棒。因此，在我们的纬度上，极光十分罕见。只有北极和南极的人们才能看到。

火星是像火一样红的行星，是战神。有时，月球会转到火星的前面。这种现象在画家的想象中被重新塑造了。月亮仿佛吐出了火焰，火焰前端是可怕的矛。

方式。能以感官经验的事实、合乎逻辑的思考和纯数学的理论才被当成有用的知识。不能拿到实验室研究或重复经验的素材，则被摒弃于科学研究的范畴之外。

现在，科学发展日新月异，时刻都有新的发现，民间的知识和信仰让位给严密的科学，幼儿园和托儿所代替老祖父来传授知识。那么，往昔种种由于无法了解而大量产生的神话、传说和民间信仰，最后会发生什么样的变化呢？当科学精神将神话和传说逐出天空的每一部分，这些传奇中的神仙、异人，要到哪里才能找到个地方安身呢？最后的神话之境究竟得往何处寻觅？

见证与文献

爱月的读者，

你还在云雾中吗?

不如探头到丛星之中，

免得天落到你的头上!

天空的异象

关于天的科学论述有多少，和天相关的文学作品就有多少。有时，天文学家甚至就是诗人。例如，意大利天文学家博斯科维奇（Boscovich，1711—1787）就曾用拉丁文写了不计其数的诗，歌颂日食和月食。有时，连司法机关都会关心天空，至少是关心天上掉下来的东西。

令人难忘的彗星

1527 年 10 月 11 日，一颗可怕的彗星在现在德属上阿尔萨斯（haute Alsace）地区的维埃斯特里（Vuestrie），出现了很长的时间。

彗星的出现，预示连串的灾难：战争、鼠疫、饥荒、地震、死亡、火灾、水灾或严重的破坏。

有些人认为，彗星出现，是因为某些星座对月亮下的天体施展坏影响，使地球土地贫瘠，引起饥荒，导致死亡。

另一些人认为，有些煤烟色、自燃性的黑色烟雾，飘浮结聚在中层大气间，不再降落，一直升到月亮上。这些东西的密度越来越大，引致燃烧，就成了彗星。彗星燃烧后变成发臭的物质，散布各处，造成种种有害影响。

不容置疑，就像神的武器雷电一样，彗星也会造成致命打击。《圣经》中就这么说："天上将会出现征兆。"还说"人若看到"彗星，就会受到惩罚。

我们来看看一颗彗星可怕的样子：从燃烧的云中伸出一只黯黝、弯曲如手臂般的东西，持着出鞘的巨剑，那巨剑的剑头朝下，仿佛随时就要杀将而去。

它的头上有一颗极为光亮的星，旁边另外又有两颗星，一边一颗，其中一颗位置稍高。

除此之外，这把巨剑的两边还有许多人头，头上长着长长的黑胡子，竖着长发，看起来好像是被砍下来的。更可怕的是，除了这一大片人头以外，还有许多血红色的斧头、梭镖、标枪、长矛和剑，杀气腾腾，令人胆战心惊。

确实，这颗彗星出现之后，灾难接踵而至，整个欧洲几乎沉浸在血泊之中。土耳其人大肆入侵波兰、希腊、匈牙利、波斯、阿拉伯半岛和爱琴海各岛诸国。意大利也没有逃过战争的浩劫。非洲、亚洲和美洲的许多地方，也有灾难临头。欧洲南部先是战火延烧，各王国和各省份又接连发生了巨大的革命，造成大量的死亡、饥馑和瘟疫。

这些灾难都是战争造成的。愿神永远保佑我们，让灾难永不降临，让信奉基督教的君主和平相处，永结同盟。各民族都企望诸王国省份永享安宁。

《1678 年历书》

雷电

《童话宝典》(*Le Trésor des contes*) 对雷电产生原因的解释很有趣：

从前有个魔鬼诱惑了夏娃，让夏娃叫我们的祖先亚当上当。有一天，他就这样捉弄了亚当，这事大家已经知道。

魔鬼是因为嫉妒才做这样的坏事。但亚当和夏娃虽说被赶出了伊甸园，还是可以赎罪，可以成为耶稣基督的兄弟姐妹。魔鬼看到这种情形，更是分外嫉妒。

只是警告，还是惩罚就要来临了？民众怔怔地注视着彗星

神知道，是的，神知道这事，知道魔鬼让麦田里长出蒺藜，让玫瑰生刺。

魔鬼对自己干的事挺满意，但他还想要些更厉害的把戏。他在心里盘算："人比窗玻璃还要脆弱。窗玻璃只怕被人打，不怕声音大。可人却连声音大也怕。"

"我得造出些能发出隆隆声的东西，击碎悬崖，折断橡树。我不能把一切都烧成灰烬，至少可以让人们心惊胆战。这东西会发出巨响，人听到了就会吓得发抖！"

魔鬼去见神，说："我将击发雷鸣，让你造的人害怕。"

神立刻想到闪光耀眼，可以在人们感到害怕之前，先提醒人们注意："我将发出闪电，先让人们看到，他们会求我保护。"

亨利·普拉（Henri Pourrat）

《童话宝典》

当福玻斯掩灭照耀大地的阳光之火……

日食启发了相隔一个世纪的两位天文学家的灵感，这两位天文学家是18世纪的博斯科维奇和19世纪的卡米耶·弗拉马里翁（Camille Flammarion）。

为什么云被赶离天空？

当福玻斯（Phébus）向地球放射出最纯净的光线，当她的火光在空气中不会有任何改变，为什么在她光耀夺目之际，浓重的黑暗却突然到来，掩住白昼之神光灿的额头？

为什么黑夜迫不及待，提前到临统治世界？

是否黑夜在白昼之中，放下幽暗的帘幕，让惊讶的世人只看得到星星和微弱亮光？

当福柏（Phebe）高兴地在空中发出月光，为什么有时却进入黑暗之中，显现忧伤之态，额头上染得血红？

我的缪斯歌颂的就是这些现象。它们出现的原因，我将在诗中详述。

太阳神福玻斯，你也统治着天上的奥林匹斯，即九姐妹可爱的奥林匹斯。

请你对我显示大自然的奥秘，并用你的圣火照亮我的心。我将向世人诉说，你如何掩灭你照耀大地的阳光之火；我将告诉他们，你不愿你的姐妹福柏和你一样光亮。

我受你启示，对你颂扬。请让我的诗句和我颂扬的神相配。

在九姐妹中，你是我最关注的一位，也是我最喜欢的一位。

你不想住在地上，驾车上天，并把额头藏在丛星间。

主管天文的缪斯乌拉尼亚（Uranie），请满足我的愿望，给予我大力支持，永远不要抛弃忠于你的诗人。

但是，我愿望的对象，并不是福玻斯和那些博学的姐妹，而是你，帕克家族（Parkers）高贵的后代。

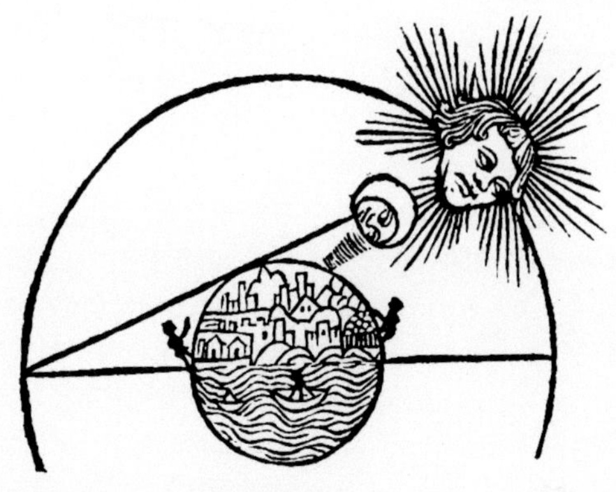

你的才能比那些博学的姐妹加在一起还要超卓。她们主管科学和艺术，能揭穿大自然最深奥的秘密。在你的保护下，她们从泰晤士河畔向广阔的世界散布光明。

请你和她们一起，支持一个用她们和你的辛勤成果充实自己的人。是的，我的缪斯所颂扬的，就是你们这几位鼎鼎大名的智者……

你们渴望了解日食和月食，探索其隐秘之因。你们首先要做的，就是全面理解天的各个部分，研究星星的状况和运动。

你们在观察天空时，将会在美丽的夜晚看到无数的星星，或是看到福柏无精打采而收束光轮，或是看到太阳从黎明的岸边升起。

这些金碧辉煌的天体，钉钮般固定在天花板上。但你们不要认为，它们是在天穹上的同一高度。它们或者处于真空，或者通过广阔空间的稀薄空气，同天上的奥林匹斯和大地都保持着不同的距离。

天体的光芒不断闪烁。但由我们的眼睛看来，它们微弱的光犹如一束细线，各自的位置总是不变。它们的微小使我们感觉，它们总是如此遥远。由于位置恒常不变，它们被称为恒星。它们位于广阔宇宙边缘十分遥远的地方，所处高度难以估计。它们的火也许同福玻斯一样大，甚至超过福玻斯。它们的光散布空中，在经过漫长的路途之后，逐渐减弱，但还是显现在夜空中。太阳要是飞到天上最高的地方，你们就会看到它逐渐变小，最后竟消失在茫茫黑夜之中。

博斯科维奇

《日食与月食》

（献给陛下的六章诗歌，1779 年）

当太阳在正午消失……

在法国观察到的最近一次日全食，发生在1842年7月8日。在巴黎只能看到偏食，法国南部却能看到全食。作者并未目睹这次日食，首先是因为作者并不住在日全食带，其次是因为作者当时年纪太小（只有4个月又11天大），但作者后来的老师、著作等身的弗朗索瓦·阿拉戈（François Arago），曾特地前往他的出生地东比利牛斯省（Pyrénées-Orientales）观察此次食相。下面是他目睹情况的片段：

日食开始的时刻即将来临。大约有2万多人，手里拿着用烟熏黑的玻璃，观看这个在蓝色天空中发出灿烂光芒的星球。我们从望远镜里，刚看到太阳的西面出现小小的缺口，2万个不同的声音，忽然汇合成一个巨大的叫声。我们这才发现，和这2万多个没有特别配备，只以肉眼观察的“天文学家”相比，我们只早了几秒钟。日食的观众非常好奇，互相竞争，不想落在别人的后面，所以能明察秋毫。

直到这时，和太阳完全消失前不久，这么多的观察者仍然还能镇静泰然。但当太阳变成蛾眉形，只剩下微弱的光芒时，大家都感到莫名的不安。每个人都觉得必须把自己的感受对周围的人倾诉。一种沉闷的呼啸声就出现了，犹如远处的大海在风暴之后发出的声音。蛾眉形的太阳越来越小，嘈杂声就越来越大。最后，太阳完全消失，黑暗代替了光明。这时，四下一片寂静，分明地报知日食的来临，就像天文钟摆的摆动一样准确。

这景象非常壮观，活泼的年轻人缄默了，男人们自以为高明的轻浮举止不见了，众士兵旁若无人的吵闹声也消失了。周围静悄悄的，连鸟儿也停止了歌唱。

在郑重地等待了大约2分钟之后，阳光重现。所有的人都兴高采烈，拼命鼓掌。刚才，大家因难以言宣的激动情绪而陷入忧郁的沉思，现在则心满意足，喜形于色。没有人想克制自己的感情。对大部分观众来说，日食已经结束。除了专门研究天文学的科学工作者之外，日食的其他阶段，已无人仔细观看。

弗拉马里翁
《大众天文学》

陨星诉讼案

小心，星星也许会掉到你的头上！不过，如果星星真的落下来，你会怎么办呢？陨星并非总是落在没人的地方。19 世纪 40 年代，在法国地区就发生了一件陨星奇案。由此我们可以看到，当司法机关连天上掉下的东西都要管，就不怕落人笑柄。

1895 年 6 月 12 日，我到格拉蒙城堡（château de Grammont）去，农民弗朗索瓦·杜亚尔（François Douillard）在那里等我。54 年前，格拉蒙城堡附近曾落下一颗陨石，弗朗索瓦·杜亚尔是第一个发现这颗陨石的人。

杜亚尔和我见面时 77 岁，个子矮小，身体健康，动作敏捷。他告诉我，那天太阳落山后一小时，他还在工作，听到从勒热（Legé）的方向，也就是西方，有个东西很快地落下来，发出可怕的咻咻声，接着是猛烈的爆炸声。那东西落在 100 米到 150 米之外。据杜亚尔说，后面没有发光的尾巴，爆炸声连吕克（Lucs）也听得到。

陨石落在两畦葡萄田中的犁沟里，一畦葡萄田属贝纳迪埃尔（Bernardière）的吉谢太太（Mme Guichet）所有，另一畦则属于勒热的沃拉先生（M. Vollard）。陨石落下来时撞出一个 30 厘米深的坑，然后又弹了出来，落在旁边。

杜亚尔把这块吓了他一大跳的陨石弄走，卖给格拉蒙附近城堡的主人梅西埃大夫（docteur Mercier）……

陨石究竟谁属，立刻引起梅西埃大夫、沃拉先生和吉谢太太的争议。沃拉先生和吉谢太太要求收回他们对这个陨石的所有权，因为陨石正好落在他们田产的分界上。

他们谈判没有结果，决定诉诸法律，

陨星并非总是落在没人的地方

由沃拉先生对梅西埃先生提起诉讼。裁判管辖权属约恩汀畔罗舍（Roche-sur-Yon）市的法庭。当时，该市名叫波旁—旺代（Bourbon-Vendée）。

由于这块陨石引起的争议很不寻常，所以我觉得应该略略引述判决书的内容，以满足读者的好奇。

"鉴于涉及本案的石头是一块陨石，在落到地球上来之前，显然不是任何人的财产；并鉴于沃拉亦不认为他曾真正占有过此一块陨石，却因陨石落下并停留在他所拥有的土地上，而要求将此陨石视为他的附加财产；

"鉴于梅西埃不承认并不否认上述最后一点，并说他认为此一诉讼毫无意义，因为虽然陨石在落下之前不属于任何人，却应属于第一个占有或发现其者，如其方才所述；

"鉴于我们现行的法律与罗马法相同，承认无主或主人不明物品之存在；

"鉴于这些物品中大部分是私有财产，因此首先必须寻找物品的主人，如属遗失物品，则应交还给在有效期间内找到的原主；

…………

"鉴于为个人之利益，能否定第一占有者权利的唯一例外，仅有由增益权而发生之例外，即一般认为拥有某土地者亦可拥有该土地上无主物品之想法，如沃拉所持者；

"鉴于由增益权而发生之例外能否成立，必须参照法条之规定，而根据法律，增益权'乃物主对与物品合为一体之所有物件之权利'；

"鉴于本案的情况，丝毫不符构成增益权之要件，因为本案中的陨石并非与沃拉的土地合二为一，构成一个整体，并增加其内在价值，使定期收获的作物产量增加；

"鉴于人们确实应该承认，在一田地中，若发现采石场之石或其他任何石头，此等石头皆应属该田地附加之物，因此类石头乃属地球组成部分，由初始便与地球一起产生，因此可属于所在之田地；

"鉴于陨石不属同样状况，陨石乃因偶然之故由产生之处落下，其性质完全不同，陨石与其落下处土地之不同，就如旅人遗落之表或其他无论贵贱之物不同于土地，从未有人认为，此类物品会与落下处之土地合为一体而产生增益权；

"鉴于确实不能把进入屋外没有围墙的田地——而屋主对此行为又未有任何异议——此种无可指责之行为看作擅闯或私入民宅，同理，亦不能将陨石等同于落下处之土地；

"鉴于上述理由，本院驳回沃拉之诉讼。"

拉克鲁瓦（M. A. Lacroix）
《圣克里斯托夫修道院的陨石》

圣埃尔摩之火，请为我们祈祷

电和光混杂变幻，造成圣埃尔摩之火（feux Saint-Elme）的奇观，这些噼啪作响的电光，在民间信仰中被看作出现在陆地和海上，转瞬即逝的星星。圣埃尔摩之火的名称，来自意大利语中圣徒伊拉斯谟（Saint Erasmus）的名字，这位圣徒是地中海水产的守护神。西欧的水手们把圣埃尔摩之火看作他们的守护者，在海员中流传着许多有关的传说。

在暴风雨夜里，船上每个前桅的顶端都会有火光闪动。这种明亮的蓝色火光，就像从咖啡馆端出来的点了火的酒，引起了我的好奇。我惊讶地问一个水手："那是什么？"

"圣埃尔摩之火，先生。"

"啊！对，在燃烧！"

另一个水手插嘴道："您不如说这是水手们的朋友。您看过这种火吗？要是值班军官对我说'你上去把第二层帆扎紧'（对男人来说，这并不是件重活儿），我就会特别上劲把这活儿做好，因为这种火会和我一起爬到方帆的上后角，帮我忙，就像帮所有水手的忙。"

"但是，你怎会相信这种无稽之谈呢？我好像在书上看过，这只是一种光电效应，是一种刷形放电，电就像流体一样，会往尖端聚集。"

"我怎会相信这种无稽之谈？您要是喜欢，可以叫它流体效应、刷形放电。但是，这种火看来就像杯燃着火的烧酒。它是在暴风雨中淹死在海里的可怜水手的灵魂。您看，海上起风浪时，那些淹死的水手在海洋这个大杯子里多喝了几口，他们的灵魂就来通知他们的伙伴，说上天要开枪了，要打雷了。"

"我倒想看看，我能不能摸到死人的灵魄。我要爬上前桅的踏脚索，去抓你的圣埃尔摩之火。"

我照自己的话爬了上去，直到前桅顶端，让和我谈话的水手吃了一惊。在他看来，我这样无缘无故上去打搅他所说的水手们的朋友，无疑是种亵渎。

当我把手慢慢伸向圣埃尔摩之火，那流体就跳动后退；我一抽回手，它也回来了。

军官们都觉得，圣火和我之间这种对抗十分有趣。他们不断地说："您瞧，它比我们都要机灵。"

一个下布列塔尼的水手对我叫道："要不要看我让它消失？"我回答说："要。"他画了个十字，火就消失了。这种巧合更加深了这些纯朴的人们的迷信……

科比埃（Ed. Cordière）

《贩奴船》（*Le Négrier*）

法兰西共和历

历法把时间划分成长短不一的单位，以符合社会生活的需要。历法的划分通常和天文现象相符，其基本单位为日。最常用来划分时间的现象是月的朔望，即以太阳位置为基点，月面一盈亏为一周期，称朔望月。然而，较长的时间划分通常是以太阳所造成的四季轮回为一太阳年。根据朔望月和太阳年所编制的是阴历，有许多版本。然而，朔望月和太阳年中的天数，以及太阳年中的朔望月数都不确定。因此，阴历历法的使用造成了一定的困扰，并促进了天文学的发展。

革命的时代、革命的历法

法国历史学家米什莱（Jules Michelet）告诉我们："过去的时代既是历史学的时代，又是天文学的时代。"法国大革命彻底变革的愿望，使国民公会甚至决定改革历法，并采用新历，即法兰西共和历（le calendrier républicain）。

1793年10月6日，法国国民公会颁行新历，宣布法兰西共和国于1792年9月22日成立。那一天恰是秋分，法国革命者利用这一巧合，把这天定为历元，并把一年的开端定在民用日，这一天在巴黎所在的经线上正好是秋分。

在这个历法中，一年包含12个月，每月有30天。12个月的名称由国民公会议员法布尔·德·埃格朗蒂纳（Fabre d'Eglantine）制定，发音悦耳，富有诗意。一季中三个月的词尾相同。这12个月的名称各为：

天还没黑，谨慎的牧羊女就催促她的羊群回家，免得在雾里迷了路。她手里抱着稚弱的羔羊，肩上扛着柴薪，好带给自己的妈妈

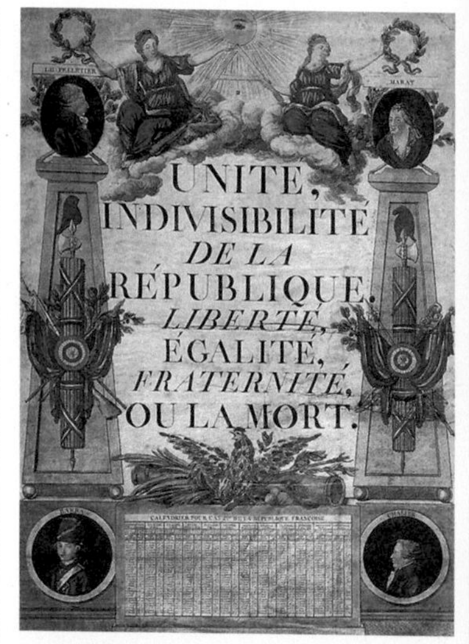

——秋季：葡月（Vendémiaire）、雾月（Brumaire）和霜月（Frimaire）；

——冬季：雪月（Nivôose）、雨月（Pluviôse）和风月（Ventôse）；

——春季：芽月（Germinal）、花月（Floréal）和牧月（Prairial）；

——夏季：获月（Messidor）、热月（Thermidor）和果月（Fructidor）。

词源学家对这些美妙的名称多有批评，我们更有充分理由质疑它们：国民公会的议员们希望，他们的历法能和公制一样，为所有的国家采用。然而，这些名称却只符合法国的气候。

每月中的 30 天分为三旬，一旬 10 日。年末有五个增日，放在果月的后面。每个第四年是闰年，再加上第六个增日，称为革命日。法兰西共和历的闰年和阳历的闰年并不一致。

1805 年 9 月 9 日，拿破仑颁布法令，从 1806 年元旦起废除法兰西共和历。由于第一年并未使用（共和历在 2 年葡月 15 日才开始使用），所以该历法一共只用了 12 年。共和历 14 年始于（阳历）1805 年 9 月 23 日，只有 3 个月又 8 天。

在每本《经度局年鉴》中（特别是单月），都能看到共和历日期和阳历日期的对照表。

在共和历中，每年的第一天正好是巴黎的秋分。由天文学家负责确定秋分的时刻，然后颁布法令，确定那年开始的日期，困难在于：太阳到达秋分点的时间接近午夜，极小的偏差就可能使一年开始的时间相差整整一天。当时，法国的天文学家德朗布尔（Delambre）认为，这种情况可能会在共和历 144 年出现（事实上，在 1935 年 9 月 23 日，太

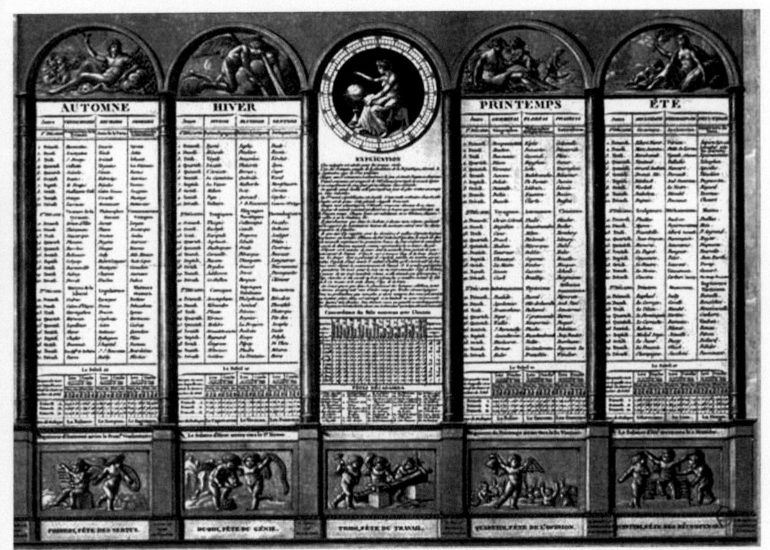

取自气候或收获的月份名称巧妙生动，……使众人牢记在心，永不忘怀。——米什莱

阳到达秋分点的时间是巴黎时间 23 点 48 分）。

制定共和历的人，使一年开始的时间取决于在巴黎纬度上进行的相对计算，却希望全世界能接受他们的历法。他们的错误是忽视了心理上的问题：各个民族都希望自己的历法被所有人采用，历法的制定变成各民族力量角逐的相对而非绝对结果。让各个经度和时区的人采用同一种国际体系的问题，长期以来困难重重，直到 20 世纪才得到解决。另外，人们对各个月份的名称也有意见，认为这种历法只是为一个地区而制定的。那么，共和历是不是在法国就受欢迎？显然也不是。立法者们低估了习惯和纪念日在人们心中的重要性：新的历法中断了和历史的联系，它只考虑将来，却不顾过去，连最近的过去也不屑一顾。它没有能深入人心就销声匿迹，当时的人们却并不觉得可惜。

对过于大胆的改革者来说，这个尝试是最好的警告。历法可以修改，也应该修改，却不能放弃阳历的基本原则，因为阳历已经具有悠久的历史，并逐渐为绝大多数人所接受。

保罗·库代尔克（Paul Couderc）
《历法》（*le Calendrier*）

流动商贩兜售的书籍

1852年11月30日，流动商贩售书审查委员会成立了。表面上看起来，这个机构成立的目的是为了赋予流动商贩合法存在的权利，并将他们纳入管理，审查他们印刷买卖的图书。然而，就连该机构本身都不讳言，流动商贩售书审查委员会之所以成立，正是要完结流动商贩流动售书的400年历史。流动商贩往来各村庄传布贩售的图书，又称为“蓝皮书”。当政者认为，这些行销各处、广泛散布的小书，对人民的思想可能产生不良影响，进而危害其灵魂安宁。在这些流动商贩往来传布的书籍中，历书因为历史悠久、数量庞大，而成为售书审查委员会首先下手管制的目标。在该委员会颁布的禁令影响下，这类书籍几乎全部销声匿迹了。

历书

法语“历书”（almanach）这个词的词源无法确定，可能出自阿拉伯语（其中，“manach”的意思是计算），也可能出自古撒克逊语（langue saxonn；old Saxon language：9世纪至12世纪通行于东欧撒克逊诸部落间的语言）或凯尔特语（langue celtique；Celtic languages：印欧语系的一支，又可分两支，一为大陆凯尔特语，公元前5世纪到公元5世纪通行于欧、非洲某些地区，一为海洋凯尔特语，即今日爱尔兰语和英国威尔士语的前身）。撒克逊语中的“almooned”指计算朔望月的一种方法，而3世纪时的凯尔特语的“almanach”可能是指僧侣或先知。

显然，从一开始，“历书”这个词就与时间的计算或解释有关。历书可能是最古老的书籍形式之一。中国、埃及和希腊，都早在印刷术发明前就有历书了，有些当时的手抄本一直流传至今。15世纪出版的《牧羊人大历书》，堪称历书的典范。在同一时期也有流动商贩兜售历书。但是，历书真正成为人民大众阅读的通俗书籍，是在17世纪。当时，这种在农村居民中很受欢迎的小册子，以星相学知识和对未来的预卜为主要内容。其天气预报的根据则是星相气象学。

星相学在时间的划分和安排方面，确实起了重要的作用。星体影响四季、动植物的生长和人类的行为，维持着大小宇宙的秩序。因此，历书的封面往往印有本领高强的星相学家形象：星相学家对自然的秘密了如指掌，能预报天气，预测各种事件。

这是预言集普受欢迎的原因。例如，托马斯－约瑟夫·莫尔特（Thomas-Joseph Moult）和米歇尔·诺查丹玛斯

（Michel Nostradamus）的预言集。这两个作者确有其人，而其他的星相学家则往往是专门出版流动商贩兜售书籍的出版商臆造出来的。

18 世纪出版的历书有种十分明显的倾向：在当时启蒙思潮的影响下，历书开始批评星相学过于强调神的旨意。当时历书比较注重实用性，以及各种知识的传播，也常常作为消遣读物。

在法国大革命时期，借着流动商贩，历书散布到每个村庄，成为传播新思想的工具。在 19 世纪，人们对星相学重新发生兴趣的情形，也反映在历书里。《马蒂厄·拉恩斯贝尔历书》（*Mathieu Laensberg*）在里尔、卢昂和列日出版都受到欢迎，证明了这点。

有些众所周知的历书至今仍在印行。《瘸腿信使》（*Messager boiteux*）的第一册是在 18 世纪出版的。该书以及随之出版的一些同类书籍，在法国东部的农村居民中都很受欢迎。现在仍在法国上莱茵省（Haut-Rhin）出版的农民历书，和主要在瑞士发售的《瘸腿信使》就是两例。

巴黎国家民间艺术及传统博物馆
《雨过天晴：气象》
（*Après la pluie le bau temps: la météo*）

《牧羊人大历书》

各种历书形式中，以牧羊人和农民为主要对象的历书最受欢迎。在欧洲深受欢迎的历书典范《牧羊人大历书》，就是最好的证明。

在西欧，《牧羊人大历书》是流动商贩兜售书籍中的畅销书，被公认为历书的典范。该书于 1491 年首次出版。此后 300 年中，它的法文版至少印了 40 版。该书的头几版，以其中木版画的质量著称。但第一个真正受到民众欢迎的版本是在 17 世纪时，由尼古拉二世乌多（Nicolas II Oudot）于 1657 年在法国特鲁瓦（Troyes）出版的。《牧羊人大历书》非常畅销，专门印刷流动商贩兜售书籍的所有大印刷厂，都至少印刷过一次这种历书。

《农民万年历》

最近的天气

早晨天上发红，晚上就会下雨；但晚上天上发红，第二天就会天晴。

早晨太阳升起时，若有云形成的长长条纹，云会下降，吸取地上的水，所以好天气的时间不会长。

利用月亮预测天气

月亮发蓝，就要下雨；月亮发红，就要刮风；月亮发白，天气晴朗。

新月和天气

记住：新月那两日若是好天，新月后的第一个星期二就是好天；新月时下雨，那一天也会潮湿有雨。

霜和天气

记住：在圣米歇尔节［la Saint Michel（9月29日）］前有几天霜，在节后也有几天霜；在圣乔治节［la S.Georges（4月23日）］前有几天霜，在节后也有几天霜。

关于冬天

入秋或秋后仔细观察鸭子的胸部。如果鸭子整片胸部都是白的，冬天会很短；如果上红下白，冬天将按时开始；如果上下白中间红，冬天会迟半个季节来到；如果鸭屁股是红的，冬天将会很晚才开始。

预测下星期的天气

古代法国的农民观察星期天上午7点左右到10点的天气，预测未来一星期的天气。如果这段时间里下雨，下一星期大部分的时间也会下雨。

另一种预测天气的方法

日落时东方有虹，再看月亮的情形，可以知道第二天会打雷或下雨。如果同时有两条以上的虹出现，就更可以肯定会打雷或下雨。晚上有虹，第二天早上天气会好。

天上有两条以上的虹，而且出现很长的时间，可能很快就会变天，而且会有雷雨。这适用于月亮形成的虹，也适用于太阳形成的虹。

安托尼·马奇努（Antoine Maginu）
《农民万年历》
1736年

《星相学宝鉴》

《星相学宝鉴》（*le Miroir d'astrologie*）是16世纪末的作品，从未在历书中被直接引用，但历书中的星相预测很可能参考了其中的资料。

既然每个人都想知道自己的未来，我也就乐于或从事星相家这个职业，解说天上的讯息。况且，星相的重要，希腊天文学家托勒密（Ptolémée）早已向我们证明。为满足求知和博学的人们的

诺查丹玛斯是最著名的星相学家之一

需求，并展示偶然发生的所有事情，我决定刊印自然星相学。所有星相学家和炼金术士都相信，天体主宰地球上的事物。同样的，人可用自己的意志来抵制恒星和行星的意愿，托勒密就是这样写的。亚里士多德证明，人们可以谨慎地避开危险；Sapiens dominabitur Astris（哲人主宰天体）。因此，人都该竭力抵制星星的影响。书中写道：只要智者愿意，就能消除星座的有害影响。因此，要消除星星的影响并不困难。自由意志就是我们自己的意志，人们可以避免不利的事情发生。人必须祈求高高在上的神大发慈悲，同时依靠自己的明智。因此，没有任何事是确定不变的。如果有人不同意这点，就该受罚，他的话也就毫无意义。黑人占卜、大地占卜、睡眠占卜和香味占卜这些东西，既无根据又无价值，因此也受到教会的抨击。

我宣布，星相学家知道的恒星共有1122颗，具有43种形状，另有7颗行星。因此，在这些星相中出生并受其影响的人们，不必拘泥于其自由意志。

本书最大的秘密，
是要得好活才能有好死，
而要又有好活又得好死，
就得有最强壮的身体。

在12月出生的妇女，和蔼可亲，发色红棕。但大部分头发颜色淡褐，体毛色黑，眉毛漂亮。眼睛可能是蓝色、绿色、棕色或黑色。但不管眼珠是什么颜色，没有人会有黑色的头发。她身材优美，头上、手臂上或髋部可能有记。年轻时，她皮肤不黑也不白，容易发怒，不信宗教，也不相信任何人。她十分能干，容易树敌，在盛怒之下会出手伤人，或是口出恶言，招致杀身之祸。她会历尽艰难，但非常注意修饰自己，常常照镜子。她身体健康，头发丰厚。心情低落时，吃了便睡。她的胃或胸容易疼痛，膝盖或手脚会出毛病。会掉牙齿，在23岁时会生一场大病。她可能一气之下，离开自己的祖国，失去父亲的财产。她生孩子以后，变得小心谨慎，足智多谋，让大家都觉得满意。她和朋友相处和睦，过了40岁会发财，一直活到70岁。

这本书只是消闲之作，并非为确定某些事情而写，因为一切都服从神的愿望，神想做的事都能做到。在尘世中，一切都是偶然，一切都是万能的神所安排的。

诺查丹玛斯
《星相学宝鉴》

《愚人船》

德国人文主义者塞巴斯蒂昂·布兰特（Sebastian Brant，1458—1521）所著的《愚人船》，在1494年狂欢节问世以来，不仅在德国一炮而红，在欧洲其他国家也大受欢迎，各种译本和仿作纷纷出现。作者让乐土上的所有愚人乘上一条船，开往纳拉戈尼亚（Narragonien），即“愚人的王国”。

观察天体

社会上各个阶级的代表都在愚人船上。每个愚人象征人类的一种恶习。在书中某章，布兰特谈到想了解天空的癖好。

想还没发生，不知道，
或是做不到的事情，

确实愚蠢。
未卜先知，
是医生的本领，
可愚人在一天之中，
却做出许多
永远不能实现的预言。
预言四处流传，
让大家坐立不安。
每个人都想知道，
天体和星星的运动，
会告诉我们什么，
让我们了解神的念头。
人们以为，
观星便能了解神意，
仿佛星星决定我们的命运；
仿佛这尘世上，
一切都要听从星星的安排；
仿佛神不是宇宙的主宰，
不能随心所欲，
使这里的生活安逸，
让别处的生活艰难；
不能随兴，
拯救农神萨图恩（Saturne）之子，

而那些生而富贵者，
如太阳神或主神朱庇特，
会命途多舛。
基督教徒的预兆，
和异教徒观察行星不同。
想知道明天是吉是凶，
能不能购物、筑屋、披甲出征，
能不能播种、结婚、
结交朋友或行其他的事。
我们所有的话、行动、工作、敌意，
都应出自神的意愿，
以神的名义完成。
相信星星，
认为在吉日行事马到成功，
认为在某时、某年、某月
一切顺利，
并不等于相信神。
做不到的事情，
在再吉利的时辰也做不到，
而凶日之中，更觉寸步难行。
有些人相信，
元旦之时，
若不穿新衣，
不唱着歌来来去去，
不在屋里放枞树，
当年就会死去。
古埃及人就真把这些事信以为真！
人们还认为，
没有新年礼物，
一年就不算有好开端。
迷信就是这样产生，
预言、咒语、行为、梦境，
鸟鸣与飞行，月相和妖术；
任何事情都被当作某种迹象。
每个人都对天发誓，
说他句句实言，
而这事也只有他自己知道，
他却远看不到事情的真相。
不只星体的运行，
被当成种种预兆。
连苍蝇的小小脑子，
最肮脏不过的东西，
也会有征兆在天上出现。
人们所有的话，所有的主意，
走运的原因，行为和计划，
霉运、事故或残疾，
这些事之所以能未卜先知，
不过是根据星体，
和对宗教的蔑视，
甚至亵渎神明。

《愚人船》的木版画插图，是该书受欢迎的原因之一

蠢话处处，世界也变蠢：
每个人都轻信，
一切愚人所言。
历书众多，十分流行，
处处发卖，传布预言，
印刷厂老板开动机器，
准备印出胡言乱语。
这种行当无人制止：
世界就是这样，
喜欢受骗上当。
要是有人真正去研究和教授
天体的真正科学，
而不是利用星星达成
眼下的目的，
在人们的思想中
散布混乱，
要是这种科学，
还是摩西或但以理了解的科学，
它就不会有任何坏处，
而只会带来好处，
值得人们注意。
今天它被用于
占卜和预言。
当家畜死亡，
小麦或葡萄根部干枯，
当天降雨雪，
天气将要晴朗并刮起顺风，
科学就要出来说话。
农民查阅预言，
是为了从中获益，
等价格上涨之后，
才出售囤积的小麦或葡萄。
《圣经》里说，
亚伯拉罕在迦勒底昂首问天，
他身处黑暗，
因无后而绝望。
上帝对他说话，
予他光明及安慰。
这些事迹确非寻常，
似期待神明就范，
仿佛神应服从
命运的安排。
这样就会失去，
万能的神的宠爱，
并让自己，
听从魔鬼的妖言。
当国王扫罗再听不到神的声音，
他只得祈求魔鬼保佑。

塞巴斯蒂昂·布兰特
《愚人船》

《童话宝典》

地方文学作家亨利·普拉（1887—1959）投注毕生精力搜集童话和民歌，并按题材加以分类。要是没有这位作家，许多童话和民歌都会失传。现在，《童话宝典》成了民俗学者的金矿。

那些抓月亮的约翰

从前有个地方，在平原和高山之间……我不告诉你们这个地方的名称，是因为不想让你们知道。有一年 4 月，月色橙黄，霜冻带来了灾难，葡萄的芽都枯萎了。

霜冻之后第一个星期天，葡萄农民在酒窖里聚会，讨论这次灾难。在产酒的地方，酒窖常是聚会所……

邻里们也许是自信心不够，都说自己不大聪明，连圣母哪个月升天都不知道。

他们说自己运气不好：要是闪了腰跌在地上，也会把鼻子撞破。

但是，这些人，这些抓月亮的约翰，运气还是不错。他们的镇上，出了一个有头脑的聪明人。那人从年轻时起就挺会出主意。那个人出的主意，成打论斤，大家很快就选他当镇长。

因此，在这个星期天，全镇居民都期待镇长想出个一劳永逸的对策，使霜冻带来的灾难不再发生。

他们一大伙人，聚集在大榆树下。他们脸颊发红，头戴帽子，在那里讨论，此起彼落地叫唤着。

“安静！”镇长叫道，“我们要动动脑筋。大家好好听着：这次的损失是月亮造成的。我们要是能除掉月亮，就能永远收到葡萄，叫葡萄酒永远流淌！”

他就是这样说的！啊，原因找出来了……大家两眼盯着镇长，像小喜鹊那样张着嘴巴，等镇长说出下面的话。

“不错，”铁匠说道，“但是，怎么除掉月亮呢？”

“怎么找到它呢？”另一个人叫道。

“你们别管这些！”森林看守人眨了眨眼说道，“镇长先生自有主张。他会有办法的。”

“不过，要除掉月亮，得花点力气，”镇长继续说道，“你们看，月亮疑心很重……它在上头窥伺我们，嘲笑我们，你们看到了吗？”

月亮像顽皮的男孩，趴在花园的一堵墙上看着他们。这个时候，月亮把前额藏到了教堂的钟楼后面。是的，它透过榆树梢看着他们。它并不是滚圆的，却仿佛朝着他们靠近。月亮是那么明亮、洁白、安静……

“你们看到了吗？它在嘲笑我们，错不了！把它从上面赶下来，得花点脑筋，要动动脑……我已经想出了一个主意……今天晚上，我们还没有准备好，不能进行袭击。明天这个时候，你们再到这里集合。每个人都把自己的桶带来！”

他们的桶，就是采葡萄的桶。没人会再去想镇长究竟会做些什么。但是，镇长既然说了，他们就把自己的桶带来。现在，每个人都喝酒去了。

第二天晚上，每个人都带来了自己的桶。有这么多的桶！这么多的桶！广场都被桶占满了。在平时，广场上只有一丛蒲公英、两块石头和三根随风摇动的麦秆……

月亮出来了。还是老样子，在窥伺他们，嘲笑他们。它比前一天更圆，也更危险。天黑了，天气很温和，混合着树丛、潮湿的泥土和青草的气味，但空气逐渐变凉。云消失了，天空澄澈，只有月亮发出明亮的光，正好让葡萄树的芽枯干。这可恶的月亮，要把葡萄树的芽全部弄枯！

镇长下达命令，森林看守人做总指挥。森林看守人是个老无赖，脸红得像雄鸡，人比松鼠还灵活。他让人在广场中央放上一个桶，然后摆上另一个，桶一个个叠上去……

桶一直垒上去。像塔一样竖立起来。森林看守人飞身上去，把桶子一个又一个堆垒起来。桶子堆得比房屋还高！比教堂的钟楼还高！

“加油！加油！我要碰到月亮了！再来两三个桶，我就能抓住月亮了！”

他站得那么高，那么高，就像钟楼上的雄鸡！地上几乎听不到他的叫喊，只听到微弱的声音……

“再一个桶就成了！”

但是桶已经没有了。人们到处去找，却一个也找不到。所有的桶都从酒窖里拿了来，堆上去了。

大家都忙忙碌碌，到处奔跑，到处寻找。但桶没有了，一个也没有了！真伤脑筋，让人急得要扯头发……

突然，镇长有了主意。

这是他的故乡，即使是在这种时候，他都想得出点子。

“现在，上头的月亮是抓不到了，你们给我把下面的月亮抓住！”

他们都拼命往下跑。

声音啪嗒啪嗒，就像打雷一样。

撞击声和叫声嘈杂混乱，震耳欲聋，好像要把教堂的墙壁震裂……

森林看守人这灵活的老头，在喧闹声中跳来跳去，从上面一只桶跳到下面一只桶……但是，桶子堆成小山，他不能一直跳到地上。最后，他总算抓着桶边的破洞爬了下来，一只胳膊却脱了臼。虽然如此，他还是到每家去喝酒。那天晚上，每个人都请他喝酒。

另一天晚上——上次他可能没喝够——他在葡萄园和农民的家里转了一圈，正要回家。他高兴地走着，红色的大鼻子挺在前面。每当他被石头绊了脚，就换个方向，因为他觉得小路看起来倒是笔直的。走到山坡上，你猜他看到了什么？

在村庄那边，有一个红色的东西在移动，在上升，就像打开炉门时看到的火……

他立刻奔回家，取下鼓，套上肩带，拿住鼓槌。他敲着紧急集合的鼓声，走在大街小巷。

“救火！救火！救火！”

“什么地方？什么地方？什么地方？”

所有的人都出来了，叫喊着，门砰砰响。

他还是击着鼓，快步走着。

“到池塘去！到池塘去！”

那是月亮！月亮升起来了，像火一样红，在黑色的柳树后面，又在水面上映照出来……

每个人都很激动，都去喝酒。

从此以后，森林看守人更加怨恨月亮，就像他怨恨邻里的恶妇，或是看到

农民传说中常有捞月亮的人的形象。这些头脑简单的人看到月亮在水中的倒影，就想把它捞起来，他们有时用手，有时用耙子捞

他就躲开的恶棍女儿那样。月亮和他有一笔老账要算。他时时窥伺着月亮，但月亮并非总在嘲笑他。

一天晚上，他气喘吁吁地跑到镇长家里。

“快点，镇长先生！月亮碰到山坡了！这回要是还抓不到它，算我倒霉！”

确实，那天晚上的月亮，就好像摆在山丘上一样。

他们拿起装小麦的口袋，手肘贴着腰，朝着月亮的方向跑去。

但是，月亮在河的另一边。山坡很陡，他们爬到上面，已经喘不过气来，月亮却还是逃脱了他们的手掌。

他们把口袋扛在肩上，又试了两三次，想逮住月亮，但每次都没有抓到……为了恢复体力，他们只好去喝酒。

然而，镇长忽然想到：“一直抓月亮，我会在镇里失去威信。”

他想起歌曲里唱的谚语：“最好还是称狼为善良的野兽。”他心里想：“最好还是说月亮的好话。”

“我们过去想把月亮除掉，并没有错。不过，播种时节，是谁用光照亮我们的呢？”

“在月亏时下种，种子照样能发芽。”

“没有满月指示播种的时间，莴苣照常会长，红皮白萝卜和香叶芹也照常会长……”

“可谁用光照亮树林呢？”

“树木有刺，月儿弯弯，树木有叶，月儿弯弯。”

“要是真像谚语中说的那样，没有月亮，虫就要吃树木。月亮也告诉我们剪指甲、剃头发的时间……要是没有月亮，我们就得自己造一个。各位朋友，既然我们很幸运有了月亮，就要好好保住它！”

这位镇长一旦开口，说出的就是金玉良言。

当时是5月的一个星期天。这番话是在客栈前面的葡萄棚下说的，旁边刚好放了很多酒坛。这番话值得众人永留脑海。为了记住这些话，每个人又喝了一杯酒。

两星期后，在寂静的夜晚，铁匠从葡萄园回家。走过池塘边时，你猜他看到什么了？那是月亮，掉在池塘的中央……

不能让月亮丢掉，得把月亮捞起来，让它重新回到天上。镇长说的话还在他耳里转呢！要是没有月亮，真是个大灾难！

得赶快通知大家！他没有想到抬起头，看看月亮是不是还在天上。在这个地方，只有镇长才会出主意，也只有他才会想到，既然有人在柳树间的池塘里看见月亮，而且看得这么近、这么清楚，月亮怎么会在天上呢？

他到村里，把那些抓月亮的约翰都带回池塘边。怎么办呢？怎么把月亮捞起来呢？

“找驴子来，”镇长说，“让它喝水。驴子把水全部喝光，我们就能拿到月亮，把它重新挂上天。”

太阳和月亮约会

立刻有人把驴子牵来了。驴子身强力壮，很乐意地开始喝水。

一朵云飘过天上。过了一袋烟的时间，月亮就不见了……

“糟糕！驴子把月亮给吃了！”

他们跳进池塘，要把驴子拉出来。但他们吵吵闹闹，大叫大喊，驴子受了惊吓，四处乱撞，溅起水，撞了人。一片混乱中，驴子逃走了，而且跑得飞快，在田里、灌木丛旁、葡萄园的平台上来回践踏。

人们跟在驴子后头追赶着……

他们有的从这一头追，有的从那一头追。最后，他们会合在一起，在客栈对面的大榆树下，扑上前去抓到了驴子。

盛怒中的人们，毫不犹豫地痛打驴子，然后把它剖腹开膛。

驴肚里却没有月亮……

“啊，该死的东西。驴子边跑边屙屎，不知道把月亮给屙在什么地方了，我们再也见不到月亮了！”

大家都惊慌失措，泪流满面，只好各自回家。

但是，铁匠走到教堂的后面时，大叫了一声：“月亮在那儿！月亮找到了，它在那儿！”

月亮在那儿，在小广场的水池里。在四幢破房子和圆形的围墙间……原来，那片云从面前走开了，月亮又重新出现。铁匠就在水里看到了它。

“驴子把它拉在那儿。得立刻把它捞出来！”

大家都跑来了，镇长跑在前头。森林看守人把系驴子的绳子拿了来。绳子虽然旧，却很长。他们在绳子的一头绑了个钩子，把钩子丢到水池里，十几个人一起拉绳子。

但钩子钩住了池底的石头，钩得很牢，怎么也拉不回来。

又多了一些人来帮忙。加起来一共有二十几个人，拉得更用力了。拉呀，拉呀！手上的皮都磨掉了！

绳子忽然断了。他们都仰面朝天，跌倒在地。

你猜他们又看到了什么？

“月亮在上面，月亮又回到了天上！”

“啊，花了这么大的力气！不过，我们还是让它回到天上了！”

他们和月亮的故事就这样结束了。那天晚上，这些抓月亮的约翰高兴极了，他们想庆祝庆祝，就去喝酒，每个人都酩酊大醉。

亨利·普拉

《童话宝典》

民间气象学

往昔经由臆测、简单的因果关系，以及不合逻辑的推理充分发展的大量民间知识，尽管饱含想象，积累发展出丰富的谚语、神话和传说，却并没有给予今天的天文科学多少滋养。民间知识和气象科学的关系亦复如是。然而，研究神话、传说、民俗和谚语所保存的民间知识，仍然很有兴味。将过去利用肉眼、经验或不甚完备的仪器所累积的大量观察结果，与今天科学家用电脑和高度精密仪器观察计算所发展的科学知识相比较，不仅是为了再现气象研究的历史，也为了了解，在这些谚语表达、累积的观察中，有多少是正确并可资利用的。

6 月 24 日：圣约翰节（Saint Jean-Baptiste）

在《圣经》故事里，给基督施洗的约翰是使徒约翰的表兄，比他大 6 个月。这位“先知”也是真理的牺牲品，比耶稣早死 3 年。

施洗约翰是夏至的圣徒，而使徒约翰则是冬至的圣徒。施洗约翰象征夏天变强的日光，使徒约翰则表示冬天变弱的日光。如下面的这个谚语：

约翰和约翰，一年各一半。

西欧习俗中，经常把基督教的圣约翰节作为冬至日、夏至日的象征：

圣约翰节，夜晚最短。

或者反过来说：

圣约翰节，白昼最长。

在圣约翰节，有许多迷信的活动和习俗。首先是火的迷信：

圣约翰节，火烧得旺。

这火当然是太阳的光，但也指点燃在山丘上，青年人围着跳舞的篝火，所以也是爱情和欲望之火。对圣约翰节的“一夜婚姻”，古西欧的人们听其自然。法国普罗旺斯地区的一个谚语，说的就是这种爱情之火：

圣约翰节脱衣，第二天穿衣。

另一种说法则是：

圣约翰脱掉你的衣服，到第二天再穿上你的衣服。

还有一种说法比较婉转：

6 月 24 日穿着单衣，第二天再穿冬天的厚裳。

圣约翰节的前夕，即 23 日至 24 日的夜里，是巫师和巫婆采集药草的时辰：

圣约翰节的药草，全年有效。

更奇怪的，是另一个迷信的建议：想有好收成，就得在圣约翰节前一天的夜里，躺在要用的肥料上。

下面这个谚语所说的，十足是巫术：

圣约翰看到母鸡孵蛋，就会有人畜死亡。

还有更可怕的，根据另一种说法，圣约翰看到孵蛋的母鸡，就会“在走过时掐断它们的脖子”。

这些可怕威胁中，有某些异教奥义的痕迹，如斩雄鸡头的可怕习俗。这种习俗 19 世纪初仍在法国农村地区流行，直到法国政府在 1815 年明令禁止这种血腥的行为。

实际上，在圣约翰节时，母鸡应该已经孵完第一批蛋，开始把小鸡带到草地或院子去觅食了。因此，如果到圣约翰节还有母鸡孵蛋，是和时令不大配合。但是这种小错却换来这么严厉的处罚，真使人惊讶！

圣约翰节到，手握镰刀。

还有很多气象方面的谚语和圣约翰

节有关，尤其是和下雨有关的谚语。在法国，就像6月雨的连绵不断，圣约翰节的雨也会下个不停：

圣约翰节下雨，就会长期下雨。

下个不停的雨带来灾难：

有了圣约翰的水，就没有小麦和葡萄酒。

另一个谚语表达类似的想法：

圣约翰的水冲走了葡萄酒，连面包也不会有。

谷物受到的影响特别大：

圣约翰节下雨，

大麦烂掉，小麦坏掉。

祸不单行。胡桃、榛子和橡栗这三种干果（在法国，猪被放到橡树林中去吃橡栗，所以干果是猪的基本食粮）会因雨连绵不断而遭受严重损失。

圣约翰节的雨，

把胡桃和橡栗也下光了。

或是：

下掉了榛子和橡栗。

榛子是现在很受欢迎的果子。在谚语中，提到榛子的次数，要比提到胡桃、扁桃、山毛榉果实或橡栗的次数多得多。例如：

要是圣约翰对着榛树撒尿，

榛子就没有了。

夏天的圣约翰节要是下雨，

榛树上就没有榛子。

另一件倒霉事也和雨有关：

圣约翰淋雨，榛子烂掉。

谚语中，对圣约翰节下雨的看法有两个要点，首先，圣约翰节是两种倾向的交汇点：

圣约翰节前，下雨降福；

圣约翰节后，下雨作恶。

其次，它和四天之后的圣彼得节（6月29日）完全不同：

圣约翰欠了一场大雨。

他若不还，彼得就替他还。

刮风和下雨的情形差不多：

圣约翰不刮风，圣彼得一定刮。

但是：

圣约翰节下雨，圣彼得节天晴。

对果实来说，圣约翰节是个隆重节日。瞧，它们都丰收在望：

圣约翰节看到一个梨，

就有一百个梨。

圣约翰节看到一个苹果，

就有一百个苹果。

圣约翰节，醋栗变红。

圣约翰节，葡萄枝上挂。

葡萄长得好，当年酒也就产得多：

圣约翰节，青葡萄高高挂，

滚滚钞票进账。

果实谈完，该谈谈动物。夜莺和杜鹃是春天唱得最欢的两种鸟，也最受人喜爱。雌鸟孵出小鸟，雄鸟为小鸟觅食。要是天气好，它们就不鸣唱：

圣约翰节后，杜鹃歌唱，天气不佳。

圣约翰节到，夜莺不歌唱。

甚至说：

鸟儿都不歌唱。

12 月 25 日：圣诞节

庆祝圣婴耶稣降生的习俗，约 4 世纪以后才形成，7 世纪或 8 世纪起才开始普及。

在 12 月 25 日纪念耶稣降生并没有历史意义，我们并不知道他降生的真正日期，但却有很大的象征意义：12 月 25 日是在冬至 3 天之后，而冬至是一年中黑夜最长的日子，也是每年世界由黑暗走向光明的第一天。

圣诞节的日期固定在每年的 12 月 25 日，而不像有些节日只定在某星期的某一日。因此，圣诞节比其他任何节日更能做有效的天气预报。圣诞节的天气，可以预测第二年的天气状况。

圣诞之后 12 天，
圣诞节和主显节之间的日子。
想知道一年 12 个月的天气，
看看圣诞到主显节的 12 天。
圣诞之后 12 天，天气变化慎观察。
因为这 12 天的天气，
就代表一年 12 个月的天气。

有些地区把圣诞节后的 12 天称作“阳日”或“命运日”。这 12 天，就好像年的缩小模型一样，每一天代表一年中一个月的天气。这种认为由小可以观大的想法，是宇宙对应体系的观念。

圣诞节和传说中耶稣死后 3 天复活的日子复活节，是基督教中的两个神圣节日。人们也常以复活节的天气预测未来的天气，但因为季节的差异，依据不同教会不同的计算方式，复活节的日期

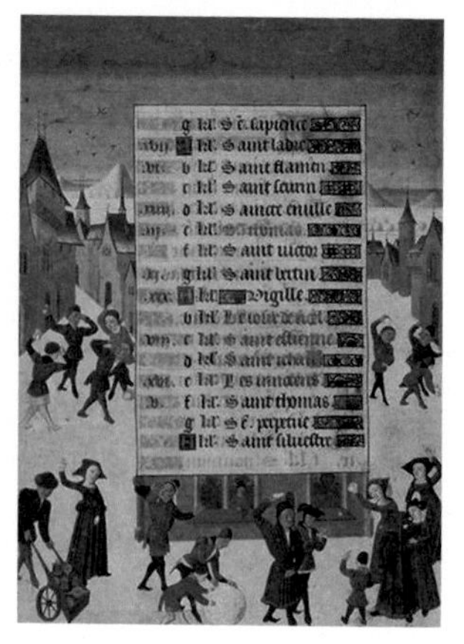

堆雪人、打雪仗，在传统上，雪和圣诞节总是联系在一起

可能在 3 月 23 日到 4 月 25 日之间，复活节的天气预测和圣诞节恰好形成鲜明的对照：

圣诞节上阳台，复活节烧木柴。

另一种说法是：

圣诞节在灌木丛中，在台阶上，
复活节就把柴烧。

同样的内容，还有另外几种说法：

圣诞节苍蝇飞，复活节冰块结。
圣诞节冰块结，复活节苍蝇飞。
圣诞节一片绿，复活节一片白。
圣诞节晒太阳，复活节要烧圣诞的柴。
圣诞节找阴凉的地方，
复活节找有火炉的地方。

另一个谚语中提到的是节日的应节食品——圣诞节的蛋糕和复活节的鸡蛋：

你吃热的蛋糕，就在炉边吃蛋。

更有趣的是，比利时瓦隆语区的谚语对这个习俗看法不同：

你在门口吃蛋糕，就在炉边吃鸡蛋。

圣诞节的天气，尤其是圣诞节前夕和当天夜里的天气，可以预测第二年收成的好坏。如果气候干冷下雪，更能有效预测。

圣诞严寒，麦穗饱满。

圣诞结冰收成好，
圣诞暖和收成差，
圣诞早晨水结冰，
打谷场上粮满积，
圣诞结霜，果酒满仓。

圣诞节正逢朔望，特别是新月时，往往成为谚语的题材。但这些谚语常常互相矛盾。

圣诞节“无月”或新月，代表凶兆：

圣诞无月，两头母牛少一头。
圣诞无月，百只母羊剩一只。
圣诞无月，三捆不如一捆。

最后这个谚语意思是说，圣诞节无月，第二年收获时，三捆麦子的麦粒还没有年成好时一捆麦子的麦粒多。唯一的安慰是：

圣诞无月，李子好年成。

圣诞节满月也不是好事：

圣诞夜光亮，割下庄稼稀疏。

就是说麦子的收成少。同样：

圣诞时节星满空，麦秆收得比麦粒多。
圣诞时节月光明，次年田里长得稀。
圣诞之夜月光明，卖掉牛只来买麦。

总之，圣诞前后，月色明朗是不祥

之兆。不过，有几种水果例外：

圣诞节的月光越是明亮，
苹果就长得越多越好。

圣诞夜的风也可以用来预测：

子夜弥撒出来时刮风，
第二年就会常常刮风。
圣诞大风，水果丰收。

不管怎么说，每年都得有个圣诞节，有个冬天，以休养生息：

圣诞节把冬天放在包袱里背来，
它不是背在前面，就是背在后面。
在圣诞节和圣蜡节之间，
农民不再下田。
有腌好的肉，圣诞节就不用愁。

对富人来说，圣诞节是丰盛的节日，但对穷人而言，这个节也许并不好过！

杰克·塞拉尔（Jacques Cellard）
与
吉尔贝·杜布瓦（Gilbert Dubois）
《雨天和晴天的谚语》

古代海员的谚语

海员也和农民一样，每天都得关心

天气。他们熟悉大自然的变化，具有丰富的气象学知识。他们的谚语反映了这种现象。

古代的海员经常观察天空和海洋，日夜在风浪中航行，遍历各大洋，积累起无数的经验。他们用谚语概括航海的宝贵经验，传之于后代海员。

在没有气象预报，也没有无线电的古代，还是得张帆起航。于是，海员们观察月亮、太阳、云和星星，根据雷电、乌云和薄雾，预测天气好坏，是否风平浪静。

直到今天，许多海员还能根据这些谚语预测天气。

预测好天气

云如球，内陆风。

薄云如虹十指宽，
南方天晴不会假。

谷中起雾，可去捕鱼。

黎明天色绿，东北风那边起。

台风底下裂开，水都漏掉。

大海迎风卷，风向突然变。
四天蛾眉月下角尖，

好几日天晴桅不断。

日出时大：风小，
日落时小：风大。

月眉初现或满月月明：
海员值班可太平。

蛾眉月时起霜，天气好；
月亏期起霜，三天下雨。

西北风如大扫帚，
出现虹后天晴朗。

预报坏天气或大风

太阳像月亮，内陆风或雾。

24 小时太阳显光环，下帆。

太阳在帆支索上，
海员准备厚上衣。

天色发红，云如马尾，
最大的船也要收帆。

云中长出猫胡子，
风声吹得响呼呼。

东北风下雨，不如蜗牛值钱。

西南风温和，发怒时也会疯。

月亮生光环，上桅不会倒，
船长看到它，等待大风来。

月亮下圆上生角。
陆地、海洋天气坏。

月亮晚上生光环，
半夜刮风又下雨。

月亮黄如尿。大海泪如雨。

天上布满小球云，
妇女涂脂抹粉，
日子不长。

乔·克利普弗尔（Joe Klipffel）
《海员预报天气的谚语》

反复无常的天气

生活中还有什么比天气更重要的呢？天气一旦反常，就会出现各种闻所未闻的情况，使人们惊慌失措。人们对自然的反常无能为力，只好忍受变幻莫测的天气。

火车被雪堵住

罕见的景象：加拿大尼亚加拉瀑布结冰

1912 年 1 月，寒流特别厉害：一艘横渡大西洋的客轮在纽约港外被冰覆盖

牧羊人眼看自己的羊群遭到雷击，却无能为力

农机遭到雷击

圣约翰节

在西方，圣约翰节既是夏至，也是冬至，兼指两个日子。人们常以为，这两个节日是古代太阳崇拜的遗俗。但观察结果发现，古代太阳崇拜的痕迹，虽然不能说完全没有，却已十分罕见。翻遍文献，看来我们只能说，这两个节日的历史并不简单。

夏至和冬至

夏至和冬至是一年两次太阳直射点离地球赤道最远的时候。

夏至时，在地球上某一点的正午，太阳升得比一年中其他任何日子都要高；而冬至时，通过该点子午面时降得最低。

在北半球，夏至出现在 6 月 21 日至 23 日中的一天，一年中最长的日子；冬至则出现在 12 月 22 日至 24 日中的一天，一年中最短的日子。在南半球则恰恰相反。

法文中的 solstice（夏至、冬至）这个词，来自拉丁文 solstitium，由 sol（地）、soleil（太阳）和 sistere（停止）构成。

但为什么字里有停止的意思呢？因为太阳达到天上最高或最低之点时，仿佛静止不动，白昼最长的、最短的日子前后，白昼时间的变化很小。因此，古代人很难确定夏至和冬至的确切日期，把 12 月 25 日当作冬至日来过也没什么大错。

圣约翰节

看来，基督教并没有从太阳崇拜的习俗中吸取很多东西。不过，基督的太阳形象并不少见。

圣路加（Saint Luc）提到施洗圣约翰的父亲撒迦利亚（Zacharie）曾预言耶稣的来临……“上帝叫清晨的日光从高天临到我们，要照亮坐在死荫幽谷中的人。”在这里，基督被看成清晨的日光。

最早宣示基督即将降临的预言中，救世主的形象是《旧约 · 玛拉基书》中所说的“公义的日头”。但是，礼拜仪式和祭礼之中，却更能看到太阳神话的痕迹：最早的基督教徒面东祈祷；而最早的教堂则像希腊和罗马的庙宇一样，朝向太阳升起的地方。

教堂的朝向会影响信徒和主祭仪式朝拜的方向，4 世纪初起，朝着东方的不再是教堂的正面，而是半圆形的后殿。初期的洗礼仪式中，入教者先要对着黑夜降临的西方，和魔鬼断绝关系，然后面朝太阳升起的东方，与基督进行沟通。

冬至时，太阳到达天上的最低点，

圣约翰节时燃起火堆仍是很受欢迎的习俗。图内，人们堆起巨大的柴堆，庆祝夏至

然后重新上升。基督教用庆祝基督诞生的神话吸收取代异教的冬至节日，却没法也把夏至节日取代。至今，庆祝 6 月 24 日圣约翰节的许多传统民俗活动，仍带有许多异教的神秘色彩。

在法国，6 月 23 日太阳落山时，人们带着柴火来到村中的广场，然后把柴堆成金字塔形状。当地教堂的神甫领着仪式行列，引燃柴堆。每户家长拿一束柴在火上点着，第二天的黎明之前插在牲畜棚的门上。然后，村里的年轻人围着火堆跳舞。舞蹈结束，他们跳过火堆，把火堆的余薪带回家。当天晚上，男人们在山坡的顶上，用麦秆捆成圆柱形的巨大草捆，用一根很长的木杆穿过草捆，点着火后，推下山坡。当燃烧的草捆滚到半山腰时，等在那儿的妇女就大声叫喊，欢迎男人和火。

山区的人则以传统的登山活动庆祝圣约翰节。人们在天亮前爬上山顶，观看日出。当太阳出来时，他们就愉快地叫喊，并倾听远处的回声。山谷里钟声齐鸣，唤醒所有的居民。到山上去看日出的人们回来时，把芳香的药草带回村庄，分给别人治病。

整个欧洲地区至少有几个例子，可据以探讨太阳崇拜和夏至、冬至节日的关系。

冬至节日本来可能也是异教节日，是罗马皇帝奥勒里安（Aurélien）庆祝“看不见的太阳”的节日。天主教会把这个节日转变成圣诞节后，原本和夏至节日类似，也庆祝太阳的冬至节日就消失了。但夏至节日的传统根源，也许可以追溯到和土地有关的巫术中，因为太阳是丰收的保证。和冬至节日相比，夏至节日历史更为悠久，在农民生活中扎下的根更深、更广，也就较不容易为宗教所吸收。

基督教把 12 月 25 日变成庆祝耶稣诞生的节日，也把 6 月 24 日变成庆祝圣约翰诞生的节日。这个约翰指的是替耶稣施洗的施洗约翰。

在某些传说中，施洗圣约翰出生的月日早于耶稣出生的月日，因为施洗约翰传道在前，耶稣传道在后。在夏至和冬至庆祝的这两个生日，把一年平分为二。

有趣的是，天主教会竟然利用太阳的形象来证明 6 月 24 日是施洗约翰的生日。施洗约翰在谈到耶稣时，说自

己只是他微不足道的先驱，并说："要让他变大，使我缩小。"夏至过了以后，白昼确实逐渐缩短。

在地球上的任何地方，夏至之后，太阳在天空中都越来越高。但这个现象对各地白昼长短的影响不一。

在赤道，一年之中或任何时间，白昼和黑夜都一样长，各为 12 个小时。在南北极，却是连续 6 个月黑夜，再连续 6 个月白天。

在中纬度，也就是温带地区，太阳高度的变化造成白昼长短的"适当"变化，夏至和冬至给予老百姓的印象也就最深刻。

韦尔代（J. P. Verdet）

参考书目

OUVRAGES GÉNÉRAUX

- Bonnefoy, Y., *Dictionnaire des mythologies*, Flammarion, 1981.
- Chevalier, J. et Gheerbrant, A., *Dictionnaire des symboles*, R. Laffont et Jupiter, 1982.
- Grimal, P., *Dictionnaire de la mythologie grecque et romaine*, PUF, 1969.
- Heudier, J.-L., *Le Livre de la Lune*, Z'Éditions, 1996.
- Le Quellec, J.-L., *Petit Dictionnaire de zoologie mythique*, Éditions Entente, 1996.
- Mozzani, É., *Le Livre des superstitions*, R. Laffont, 1995.
- Sébillot, P., *Le Folklore de France*, tome 1, G.-P. Maisonneuve et Larose, 1968.
- Van Gennep, A., *Manuel de folklore français contemporain*, tome 1, volume 2, A. et J. Picard, 1946.
- *Après la pluie, le beau temps : la météo*, Musées nationaux，1984.
- *La Lune, mythes et rites*, Sources orientales, Le Seuil, 1962.
- *La Naissance du monde*, Sources orientales, Le Seuil, 1959.
- *Le Monde des symboles,* Zodiaque, 1966.

ÉTUDES

- Bergaigne, A., *La Religion védique*, H. Champion, 1963.
- Boyer, R., *La Religion des anciens Scandinaves*, Payot, 1981.
- Cassirer, E., *Individu et cosmos dans la philosophie de la Renaissance*, Éditions de Minuit, 1983.
- Condominas, G., *Nous avons mangé la forêt*, Mercure de France, 1974.
- Durand, G., *Les Structures anthropologiques de l'imaginaire*, Bordas, 1969.
- Eliade, M., *Traité de l'histoire des religions*, Payot, 1964.
- Eliade, M., *Images et symboles*, Gallimard, 1952.
- Flammarion, C., *L'Astronomie populaire*, fac-similé de l'édition originale (1880).
- Granet, M., *Danses et légendes de la Chine ancienne*, PUF, 1959.
- Granet, M., *La Pensée chinoise*, Albin Michel, 1968.
- Griaule, M., *Dieu d'eau, Fayard*, 1966.
- Herbert, J., *La Cosmogonie japonaise*, Dervy-Livres, 1977.
- Ions, V., *Mythologie indienne*, O.D.E.G.E., 1968.
- Ions, V., *Mythologie égyptienne*, O.D.E.G.E., 1969.
- Levasseur-Regourd, A.-C., *L'Atmosphère et ses phénomènes*, De Vecchi, 1980.
- Lévi-Strauss, C., *La Voie des masques*, 2 vol., Skira, 1975.
- Lévi-Strauss, C., *Mythologiques*, tome 1, *Le Cru et le Cuit*, Plon, 1964.
- Maffei, P., *La Comète de Halley*, Fayard, 1985.
- Martino, E. de, *Italie du Sud et magie*, Gallimard, 1963.
- Martino, E. de, *Le Monde magique*, Marabout Université, 1971.
- Métraux, A., *Religions et magies indiennes*, Gallimard, 1967.
- Nisard, C., *Histoire des livres populaires ou de la littérature du colportage*, Amyot, 1854.
- Pâques, V., *L'Arbre cosmique dans la pensée populaire et dans la vie quotidienne du nord-ouest africain*, Institut d'ethnologie, 1964.
- Panofsky, E., Saxl, F., *La Mythologie*

classique dans l'art médiéval, Gérard Monfort, 1990.
- Parrinder, G., *Mythologies africaines*, O.D.E.G.E.,1969.
- Poignant, R., *Mythologie océanienne*, O.D.E.G.E.,1968.
- Soustelle, J., *L'Univers des Aztèques*, Hermann, 1979.

TEXTES ANCIENS
- Aristote, *Du ciel*, Les Belles Lettres, 1965.
- Aristote, *Météorologiques*, tome I, Les Belles Lettres, 1982.
- Pline l'Ancien, *Histoire naturelle*, tome II, Les Belles Lettres, 1950.
- Hérodote, *L'Enquête*, Gallimard, 1964.
- Hésiode, *Théogonie*, Les Belles Lettres, 1972.
- Ptolémée, C., *La Tétrabible*, Denoël, 1974.
- Sénèque, *Questions naturelles*, tome II, Les Belles Lettres, 1961.
- Tacite, *La Germanie*, Les Belles Lettres, 1962.
- Tite-Live, *Histoire romaine*, Gallimard, 1968.

TEXTES RELIGIEUX
- *La Bible,* École biblique de Jérusalem, Club Français du Livre, 1955.
- *La Bible, Écrits intertestamentaires*, Gallimard, 1987.
- *Le Coran*, Gallimard, 1967.
- *Le Véda (extraits)*, Planète.
- *L'Hindouisme, textes et traditions sacrés*, Fayard-Denoël, 1972.
- *Hymnes spéculatifs du Véda*, Gallimard, 1956.
- *Mythes et légendes extraits des Brâhamana*, Gallimard, 1967.

图片目录与出处

卷首

第 1—7 页　版画。原载卢比尼兹《彗星目睹记》，第二卷，1667 年。巴黎国立图书馆。

扉页　《对月亮撒尿》。老勃鲁盖尔作。范德伯格（Van Der Berg）博物馆。

第一章

章前页　观天。彩色版画。原载波兰天文学家海威留斯《月面图》，1647 年。巴黎国立图书馆。

第 1 页　1157 年太阳出现在二月之间。版画。原载康拉德·利科斯坦《异象录》，1550 年左右，瑞士巴塞尔版。

第 2—3 页　环形石阵。理查德·图格（Richard Tongue）作，1837 年。

第 3 页上　法国阿维尼翁附近多姆悬岩上的石头。阿维尼翁卡尔韦（Calvet）博物馆。

第 4 页上　月亮绕地球运转时和太阳相对位置图。版画。原载阿比亚努斯《宇宙图》，1581 年版。

第 4 页下　太阳运行图。原载 13 世纪法国普罗旺斯药典。西班牙马德里埃斯科里亚（Escorial）图书馆。

第 5 页　月球运转与太阳相对位置图。出处同上。

第 6—7 页　1716 年 3 月 18 日天空异象图。18 世纪版画。

第 7 页《观天》。浮雕。意大利雕刻家安德烈亚·皮萨诺（Andrea Pisano）作。意大利佛罗伦萨圆顶（Dôme）教堂博物馆。

第 8 页　希伯来人征服迦南，约书亚让日、月停驻。木版画。沃尔格穆特（Wohlgemuth）作，1491 年。德国纽伦堡。

第 9 页上　马蒂厄·拉恩斯贝尔历书真本书名页。1789 年，比利时列日版。巴黎民间艺术及传统博物馆图书馆。

第 9 页下　风轮。版画。原载 15 世纪星相学著作。意大利威尼斯马尔恰纳图书馆。

第 10 页　忠实的骑士骑着白马去和撒旦战斗。细密画。原载《洛瑙的圣约翰的启示录》，12 世纪。

第 11 页　太阳、月亮和五颗行星。原载《牧羊人大历书》，1490 年。

第 12 页　洪水。原载路德版《圣经》，1543 年。伦敦圣经公会出版。

第 13 页　洪水传说。19 世纪彩色版画。巴黎国立图书馆。

第二章

第 14 页　天上的各层。尼克尔·奥尔斯姆（N. Oresme）绘。原载《天空与世界之书》，1377 年。巴黎国立图书馆。

第 15 页　布特哈蒙（Butehamon）石棺中描述宇宙起源的画。意大利都灵古埃及博物馆。

第 16 页　哲学家和教士。彩色拼贴画。原载《大众天文学》，1888 年。巴黎弗拉马里翁出版社。

第 17 页　象征天的环形玉璧，战国末期文物。长沙出土。巴黎赛努奇博物馆。

第 18 页　宙斯。1800 年左右彩色石版画。巴黎民间艺术及传统博物馆。

第 19 页　创世。19 世纪末彩色石版画。出处同上。

第 20 页　双子星座、猎户星座和大熊星座。细密画，原载 14 世纪星相学著作。意大利威尼斯马尔恰纳图书馆。

第 21 页上、下　星座。出处同上。

第 22 页　大熊星座。波斯细密画，据埃尔－侯赛因（El-Husein）星书中的插图复制，埃及开罗国立图书馆。

第 22—23 页　天龙星座。出处同上。

第 24 页上　牧羊星。原载《牧羊人大历书》，1490 年。

第 24 页下　天和天下面的四个世界，西伯利亚东部楚科奇地区画作。

第 25 页　易洛魁面具，表示东方和西方、早晨和晚上。加拿大，1800 年左右作品。私人收藏。

第 26 页左　克查尔科亚特尔诞生。阿兹特克雕刻。墨西哥国立人类学博物馆。

第 26 页右　墨西哥古城图拉晨星庙男像柱细部。

第 27 页　维纳斯，佩鲁吉诺作。罗马坎比奥（Cambio）学院。

第 28 页　黄道十二宫。原载拉邦·莫斯（Raban Maus）《论宇宙》，15 世纪手抄本。法国卡辛（Cassin）山修道院。

第 29 页　人体星相卡。原载《贝里公爵春风得意时》。法国尚蒂伊市孔代美术博物馆。

第 30—31 页　黄道十二宫。原载安托万·德·纳瓦尔（Antoine de Navarre）日课经，15 世纪末。英国牛津大学博德利图书馆。

第 32 页上　去算命。版画。据 17 世纪荷兰画家阿德里安·范·奥斯塔德（Adrien van Ostade）作品作。

第 32 页下　16 世纪接生。木版画。原载雅各布·吕夫（Jacob Rueff）《论怀孕生育》，1580 年法兰克福版。原巴黎医学院图书馆。

第 33 页　天空。细密画。原载英人巴泰勒米《事物特性论》，15 世纪。巴黎国立图书馆。

第 34 页　太阳。版画。原载 15 世纪《论天球》。意大利摩德纳图书馆。

第 35 页　月亮。出处同上。

第 36 页　土星。出处同上。

第 37 页　木星。出处同上。

第 38—39 页　银河。石版画。原载阿梅代·吉耶曼（Amédée Guillemin）《天空》，1877 年。

第三章

第 40 页　基督和死神。版画。沃尔格穆特作，1491 年。德国纽伦堡。

第 41 页　阿兹特克人挖心献祭。格拉茨（Graz）复制。

第 42 页　阿兹特克人祭献情景。版画。原载《新西班牙大事记》。复制品。巴黎人类博物馆图书馆。

第 43 页 阿兹特克历本，或称太阳石。玄武岩质巨石。蒙泰祖马二世统治时期（1502—1520）雕成。墨西哥国立人类学博物馆。

第 44 页 国王梅利希帕克二世引女见女神纳奈。古美索不达米亚加喜特王朝时期界碑（细部）。巴黎卢浮宫博物馆。

第 45 页上 马衔，伊朗洛雷斯坦青铜器。巴黎卢浮宫博物馆。

第 45 页下 月神科约尔绍基巨像头部。墨西哥国立人类学博物馆。

第 46 页 日月相争。版画。原载 16 世纪末炼金术手抄本《太阳的光辉》。

第 47 页 月亮上的人。19 世纪版画。作者不详。

第 48 页 月中兔。版画。原载《新西班牙大事记》第七卷。巴黎人类博物馆图书馆。

第 49 页 玉兔。原载日本童话《月百姿》。巴黎装饰艺术图书馆。

第 50—51 页 月亮影响妇女。17 世纪版画。巴黎卡纳瓦莱博物馆。

第 52—53 页 四季。彩色版画。

第 54—55 页上 搅拌“乳海”制苏摩。19 世纪末印度民间绘画。巴黎国立图书馆。

第 54—55 页下 众神享用苏摩。19 世纪末印度民间绘画。巴黎国立图书馆。

第 56 页 水与生育女神宁巴，几内亚塑像。巴黎人类博物馆。

第 57 页 路易十四身着芭蕾舞剧《夜》的戏服扮演阿波罗。版画。17 世纪作品。巴黎国立图书馆。

第 58 页 日本的太阳崇拜。原载舍赫泽《圣书》，1733 年。

第 59 页 印加金制太阳面具。厄瓜多尔基多中央银行博物馆。

第 60 页上 埃及神拉的太阳眼睛。古埃及二十一王朝草纸画细部。

第 60 页下 在太阳船上，白鹮伴随着荷鲁斯。古埃及十九王朝时，底比斯城大公墓管理官森尼杰姆（Sennedjem）墓中的画。

第 61 页 公牛神阿匹斯两角间夹着日轮。古埃及十九王朝时，底比斯城纸莎草纸画。

第四章

第 62 页 1858 年 10 月 4 日在巴黎看到的多纳蒂（Donati）彗星。石版画，原载阿梅代·吉耶曼《天空》，1877 年。

第 63 页 主管月食的恶魔罗睺，印度雕塑。

第 64 页 月食，原载《论天球》，1472 年。

第 64—65 页 耶稣受难像。细密画。12 世纪至 13 世纪亚美尼亚伊斯法罕（Ispahan）作品。

第 65 页右 日食。原载《论天球》，1472 年。

第 66 页左 太阳月亮共浴。彩色版画。西奥多·德·布雷（Théodore de Bry）作，1618 年。巴黎国立图书馆。

第 66 页右 月相，原载《论天球》，1472 年。

第 67 页 秘鲁人在日食时跳舞。版画。19 世纪作品，巴黎装饰艺术图书馆。

第 68 页上 喷出彗星的火山口（巨爵座），原载卢比尼兹《彗星目睹记》。巴黎国立图书馆。

第 68—69 页 汉堡的流星雨。出处同上。

第 70—71 页 彗星带来的种种灾难。出处同上。

第 72 页左、第 73 页 彗星的种种形状。出处同上。

第 72 页右 彗星形状示意图，根据马王堆所发现的帛书画出。马王堆帛书彗星图约是公元前 300 年的作品，是世上最早的彗星图谱。

第 74 页上 彗星灾难。木版画。德国，1556 年。

第 74 页下 彗星出现。原载贝隆（Véron）和塔曼（G. A. Tammann）所著《天文学史》。巴黎天文台图书馆。

第 75 页 彗星观察记录。原载卢比尼兹《彗星目睹记》。巴黎国立图书馆。

第 76—77 页 1872 年 11 月 27 日的流星雨。石版画。原载阿梅代·吉耶曼《天空》，1877 年。

第 77 页 版画。原载 1579 年里昂版《牧羊人大历书》。

第 78—79 页 火流星爆炸。石版画。原载阿梅代·吉耶曼《天空》，1877 年。

第 78 页下 诺登舍尔德 1870 年在奥维法克（Ovifak）发现的铁陨石。版画。原载阿梅代·吉耶曼《天空》，1877 年。

第 80 页 《雅各天梯》，阿维农画派 1490 年代作品。法国阿维农小宫殿博物馆。

第 81 页 伊斯兰教神殿克尔白。16 世纪彩釉陶砖画。埃及开罗博物馆。

第 82 页 雷石雨。19 世纪民间版画。巴黎国立图书馆。

第 83 页上 雷石。巴黎民间艺术及传统博物馆。

第 83 页下 宙斯。公元前 6 世纪雕塑。希腊雅典国立博物馆。

第 84 页 雷击之灾。1820 年还愿画。法国阿洛施（Allauch）城堡圣母院。

第 85 页 圣多纳图斯。埃皮纳勒镇作品，19 世纪 40 年代。巴黎卡纳瓦莱博物馆。

第 86 页 1743 年 12 月 28 日在西班牙迦太基出现的天空异象。18 世纪中期俄国民间版画。

第 87 页 1736 年斯兰克市天空异象。19 世纪中期俄国民间版画。

第五章

第 88 页 《背叛天使》。老勃鲁盖尔作。比利时布鲁塞尔美术博物馆。

第 89 页 风神厄俄斯。细密画。意大利皮科洛米尼图书馆。

第 90—91 页上 耕耘。原载维吉尔《农事诗》，1517 年手抄本。

第 90—91 页下 天灾。出处同上。

第 92 页 风的力量。原载维吉尔《埃涅阿斯纪》，1517 年手抄本。

第 93 页 魔鬼帕祖祖。亚述青铜雕刻。巴黎卢浮宫博物馆。

第 94 页上 罗盘方位标。版画。原载《地图册》，1547 年荷兰阿姆斯特丹版。

第 94 页下 风。版画。西奥多·德·布雷作，1618 年。巴黎国立图书馆。

第 95 页 风。意大利佛罗伦萨拉比亚宫壁画，提埃坡罗（Tiepolo）作。

第 96 页 金挂饰，马里巴乌来河（baoulé）流域艺术品。塞内加尔达卡法兰西学院博物馆。

第 97 页 普勒阿得斯七姐妹。细密画。原载 13 世纪《阿刺托斯集》（*Aratea*）手抄本。

第 98 页 14 世纪民间木版画。

第 99 页上 同上。

第 99 页下 雨神和植物丰饶之神特拉洛克。阿兹特克艺术品。意大利佛罗伦萨国立图书馆。

第 100 页 1910 年的洪水。20 世纪初作品，作者不详。巴黎民间艺术及传统博物馆。

第 101 页 洪水。彩色木版画。

第 102—103 页 河水暴涨。还愿画。上有题名 Jean-Baptiste Michel 及日期 1822 年 11 月 19 日。法国阿洛施城堡圣母院。

第 104—105 页 雷击木屋。还愿画。法国耶尔（Hyères）安慰圣母院。

第 106—107 页 风暴。还愿画。法国阿洛施城堡圣母院。

第 109 页上 虹。细密画。原载加兹维尼《异象录》，1280 年。伊拉克瓦西特市图书馆。

第 109 页下 朱庇特，18 世纪彩色版画。

第 110 页 虹蛇，澳洲作品。作者不详。

第 111 页 虹蛇，澳洲原住民绘画。巴黎非洲及大洋洲艺术博物馆。

第 112 页 1168 年幻月景象。版画。原载康拉德·利科斯坦《异象录》。1557 年，瑞士巴塞尔版。

第 113 页 1638 年 2 月出现的幻日景象。彩色版画。巴黎国立图书馆。

第 114 页 极光。石版画。原载海克尔（Haeckel）《异象录》。巴黎国家自然历史博物馆图书馆。

第 115 页 天象。巴黎国立图书馆。

第 116 页 巴黎的天空。石版画。原载阿梅代·吉耶曼《天空》，1877 年。

见证与文献

第 117 页　月亮和小丑。19 世纪玩具。
第 118 页　彗星。17 世纪版画。
第 119 页　1577 年 11 月 12 日彗星出现。16 世纪木版画。
第 121 页　日食。版画。原载萨克罗博斯科（Sacrobosco）《论天球》，1535 年巴黎版。
第 122 页　观看日食的人群。照片。1912 年 4 月 17 日摄于巴黎。
第 123 页　1937 年出现在意大利的流星。原载《星期日邮报》。
第 125 页　圣埃尔摩之火。版画。古斯塔夫 · 多雷作。
第 127 页　雾月，革命历。版画。弗雷斯科（Fresco）作。巴黎卡纳瓦莱博物馆。
第 128 页右上　共和历 2 年历本。巴黎卡纳瓦莱博物馆。
第 128 页右下　同上。
第 129 页　革命历。巴黎卡纳瓦莱博物馆。
第 131 页　流动画贩。版画。据朱尔斯 · 戴维（Jules David）原画所作。
第 132 页　16 世纪木版画。原载《牧羊人大历书》。
第 133 页　农民历书插图。1792 年法国特鲁瓦版。
第 134 页　诺查丹玛斯肖像。版画。
第 136 页　塞巴斯蒂昂 · 布兰特肖像。16 世纪版画。
第 137—139 页　塞巴斯蒂昂 · 布兰特《愚人船》书中插图。16 世纪瑞士巴塞尔版。
第 140 页　版画。原载托马斯 · 穆尔纳（Thomas Murner）《陈述的逻辑》，16 世纪比利时布鲁塞尔版。
第 142 页　男人用耙子捞月。19 世纪版画。
第 144 页　日与月。木版画。
第 146 页　6 月。版画，原载《牧羊人大历书》。
第 148 页　12 月。细密画。摘自《勃艮第公爵夫人的吉时良辰》。法国尚蒂伊市孔代美术博物馆。
第 149 页　圣诞夜雪球仗。石版画。
第 150 页　船遇风暴。马可·贝尔蒂埃（Marc Berthier）作。
第 151 页　海员还愿画。版画。
第 152 页上　雪封火车。原载 1892 年法国 1 月 28 日《小日报》。
第 152 页下　加拿大尼亚加拉瀑布结冰。照片。
第 153 页　寒流袭击美国。原载 1912 年《小日报》。
第 154 页　雷击羊群。版画。原载《小日报》图片增刊。
第 155 页　雷劈农机。版画。19 世纪作品。
第 157 页　圣约翰节柴堆。
第 158 页　牧羊人和牧羊女跳舞。版画。

致谢

Nous remercions les personnes et les organismes suivants pour l'aide qu'ils nous ont apportée dans la réalisation de cet ouvrage : les éditions Belin, les Presses Universitaires de France, les Éditions Rustica, le journal *Libération*, la revue *La Recherche*, le musée des Arts et Traditions populaires, la Société française d'Astronomie.

原版出版信息

DÉCOUVERTES GALLIMARD
COLLECTION CONÇUE PAR Pierre Marchand.
DIRECTION Élisabeth de Farcy.
COORDINATION ÉDITORIALE Anne Lemaire.
GRAPHISME Alain Gouessant.
FABRICATION Corinne Chopplet.

PROMOTION & PRESSE Valérie Tolstoï, assistée de Doris Audoux.
SUIVI DE PRODUCTION Madeleine Gonçalves.

LE CIEL, ORDRE ET DÉSORDRE
ÉDITION Anne Lemaire et Charlotte Ecorcheville.
MAQUETTE ET MONTAGE Raymond Stoffel et Valentina Lepore.
ICONOGRAPHIE Jeanne Hély et Anne Soto.
LECTURE-CORRECTION Alexandre Coda et Pierre Granet.
PHOTOGRAVURE Arc-en-Ciel.

图书在版编目（CIP）数据

星空的传说 / (法) 让 - 皮埃尔·韦尔代 (Jean-Pierre Verdet) 著 ; 徐和瑾译 . — 北京 : 北京出版社 , 2024.7

ISBN 978-7-200-16111-3

Ⅰ . ①星… Ⅱ . ①让… ②徐… Ⅲ . ①宇宙一普及读物 Ⅳ . ① P159-49

中国版本图书馆 CIP 数据核字 (2021) 第 009035 号

策 划 人：王忠波　向　雳　　责任编辑：王忠波　高　琪
学术审读：苟利军　　责任营销：猫　娘
责任印制：燕雨萌　　装帧设计：吉　辰

星空的传说
XINGKONG DE CHUANSHUO
[法] 让 - 皮埃尔·韦尔代　著　徐和瑾　译

出　　版：北京出版集团
　　　　　北 京 出 版 社
地　　址：北京北三环中路 6 号　　邮编：100120
总 发 行：北京伦洋图书出版有限公司
印　　刷：北京华联印刷有限公司
经　　销：新华书店
开　　本：880 毫米 ×1230 毫米　1/32
印　　张：5.75
字　　数：173 千字
版　　次：2024 年 7 月第 1 版
印　　次：2024 年 7 月第 1 次印刷
书　　号：ISBN 978-7-200-16111-3
定　　价：68.00 元

如有印装质量问题，由本社负责调换
质量监督电话：010-58572393

著作权合同登记号：图字 01-2023-4208

Originally published in France as :

Le ciel, ordre et désordre by Jean-Pierre Verdet